『コモンズの悲劇』から脱皮せよ

日本型漁業に学ぶ　経済成長主義の危うさ

漁師・元水産庁
佐藤力生 著

北斗書房

『コモンズの悲劇』から脱皮せよ■目次■

はじめに　7

●持続的成長などあり得ない　8

第一章　自由競争こそ諸悪の根源……13

一．漁業におけるコモンズの悲劇　14
二．コモンズの悲劇が一般経済界にも生じ始めた　16
三．競争には無駄《むだ》が多い　19
四．競争に不可避な敗者によってもたらされる非効率性　22
五．競争がもたらす格差拡大は資源乱獲と同じ構図　24

六．成長に競争は不可欠か　27
七．利己的な遺伝子の観点から見た競争の問題　28
八．競争と宗教観　31
九．自由競争は不公平競争　32
一〇．成長の限界下においては構造改革も需要の喚起《かんき》も役に立たない　35
一一．なぜ格差社会を生む経済体制に反対運動が起きにくいのか　38
■コラム①　伊勢エビ漁はゴルフに似ている　41

第二章　貿易は本当によいことなのか…………………43

一．虫がよすぎる新興国の経済成長の取込み　44
二．貿易のメリットはデメリットと表裏一体　46
三．貿易黒字は本当によいことか　49
四．鎖国も開国も基本は同じ　52
五．ガラパゴス化のどこが悪い　54
六．為替が招く不安定性　58
■コラム②　漁師の手　61

目　次

第三章　グローバル化には問題が多い……63

一．グローバル化とは貿易の邪道《じゃどう》ではないか　64
二．多様性を否定するグローバル化　70
三．格差拡大はグローバル化の当然の帰結　79
四．地域や国内での相互依存関係を崩壊させる自由貿易・グローバル化　83
五．一体どうした!?　マスコミのＴＰＰ報道の怪　87
六．既存の政党ではグローバル化を阻止《そし》することはできないのか　90
■コラム③　机下の空論　93

第四章　日本型漁業に見る衰退期の生き残り戦略……95

一．資源管理型漁業とは　96
二．資源管理型漁業のアプローチの概念　104
三．資源管理型漁業の実例　106
■コラム④　サンマの丸干し　109

第五章　資源管理型漁業の一般経済への応用…………111
一．資源管理型漁業の類型　112
二．資源管理型漁業の手法と一般経済の手法の違い　116
三．一般経済への応用　118
四．独占禁止法は独占促進法か　137
■コラム⑤　ボラの名誉を回復しよう　141

第六章　漁業に市場原理主義を持ち込もうとする動き…………143
一．資源管理と称した市場原理主義の導入の問題　144
二．震災被災地の漁業復興に市場原理主義を持ち込む問題　148
三．新自由主義に対抗する生存権経済　155
■コラム⑥　90日は簡単ではなかった　161

目　次

第七章　幸せの方程式……163

一．「儲《もう》けの方程式」から「幸せの方程式」へ　164
二．「幸せの方程式」から見た市場原理主義　177
三．強欲《ごうよく》とたかり欲の相互依存性　180
四．オストロム教授の三つの道を考える　187
五．「幸せの方程式」から見た憲法第九条　189
六．日中問題を「幸せの方程式」で考える　200
七．「幸せの方程式」から見た領土の価値　206
八．江戸時代の再評価　211

■コラム⑦　住んでわかった生活環境　217

第八章　我が国の進むべき道……219

一．歴史の失敗をくり返さない新たな道へ　220
二．「破れ」をふさぎ「瘤《こぶ》」を押し込める道から　222
三．相互依存で安定への道へ　228
四．内なる富の創造への挑戦の道　230

五．官から民へ、民から自主への道　233
■コラム⑧　過疎と生活保護　239

おわりに……241

●漁師になろうとしたきっかけ　242
●謝辞　250
●著者略歴　254

はじめに

●持続的成長などあり得ない

「漁業」は、今どき珍しい原始的な産業である。自然変動をくり返す生物資源に依存し、成長の時代もあれば衰退の時代もある。この「漁業」の世界から一般経済界を見ると、不思議でならないことが多々ある。経済界ではなぜ異口同音に「成長」「成長」というのだろうか。

我が国の経済は九〇年代以降、ずっーと低成長か、またはマイナス成長下にある。しかもこの間、一〇〇〇兆円近い借金を作って、景気刺激策を講じたにもかかわらずである。「もういい加減にしてほしい」との想いは、私のような素人の戯言《たわごと》であろうか。

とりわけ「持続的成長」という表現には、大いに違和感を覚える。生物資源は、石油や石炭などの埋蔵資源とは異なり、自己再生できる。よって、資源の「持続的利用」という言葉はあるが、「持続的成長」はない。もしあれば、海が魚で埋め尽くされ、それこそ宇宙にこぼれてしまう。一方、「持続的衰退」もあり得ない。生息環境が人為的に破壊されない限り、生物には反発力が備わっている。漁業とは「持続しない成長」と「持続しない衰退」をくり返す中で、持続していく産業である。

成長と衰退をくり返す資源の代表が、マイワシである。直近の一〇〇年の間だけでも「成長」の現象が二回あり、一万トンを切るレベルから最大四五〇万トンまでの間を大きく変動している（図1参照）。現在は二度目のボトムにあるが、二〇一一年に入り、いよいよ三回目の成長への兆しが

図1　日本の小型浮魚類の漁獲量の推移

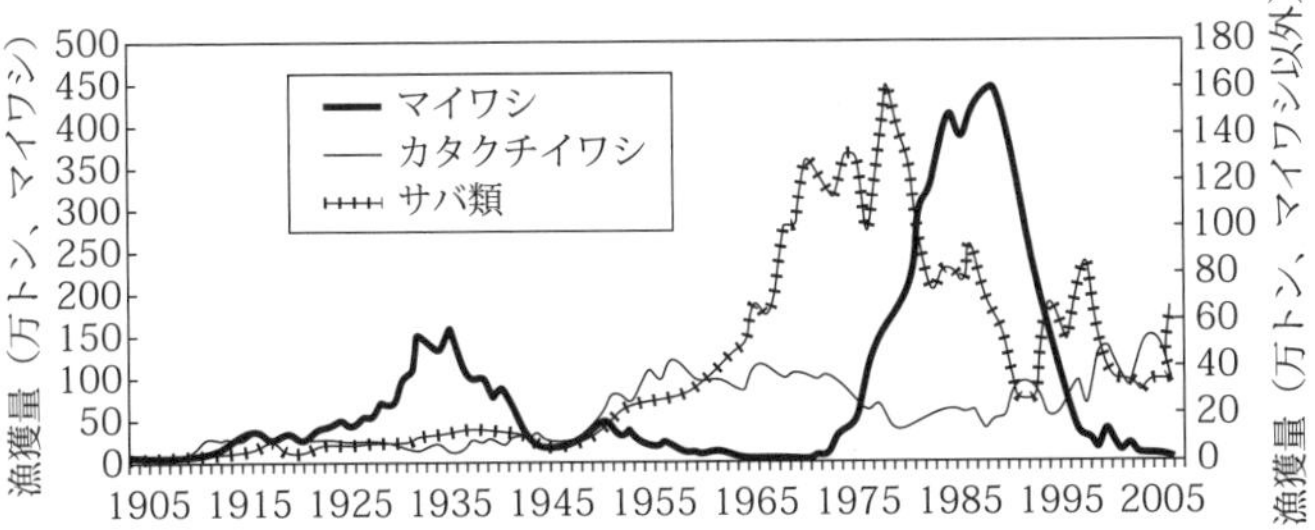

（出典）減ったマイワシ、増えるマサバ　—わかりやすい資源変動のしくみ—
谷津昭彦・渡辺千夏子　共著（ベルソーブックス　037）

見えてきた。

この傾向が続けば、ペルーのアンチョビー（カタクチイワシ）を抜いて、世界最大の漁業資源に返り咲くことも期待できる。そうなれば、先の東日本大震災による大津波に苦しめられた漁業者に対する、神様の贈り物として、これを享受することができるかもしれない。

ところで、経済界の辞書には「衰退」という言葉がどうしてないのだろうか。

生物はもちろんのこと、宇宙の星すら「成長」の後の「衰退」は避けられない。温暖化も、「成長」に対する地球の悲鳴といえよう。

我々は今、身近な生活感覚で買いたいものはほとんど手に入る時代を生きている。もちろん、大金持ちは、手に入れたいものをすべて購入できるだろうが、我々日本人に共通する特質は、ものを大切に使うことであろう。

にもかかわらず、経済界だけが「別世界」にあるのはなぜなのだろうか。市場競争と自由貿易は、永遠の経済成長を保証してくれるとでもいうのか。

そんなことはあり得ない。

人類が有限の地球に住んでいる以上、永遠の成長ができない現実には、経済上の合理性というか必然性がある。にもかかわらず、だれもかれもが無理矢理成長させようとしている。しかも、我が国のすべての政党組織がそうであり、あの日本共産党でさえも、財政問題を克服するには経済成長が必要と主張している。

ここにこそ、我が国が将来への進路を見い出せない、根本的な問題があると考える。


漁業は天然資源に依存することから、常に「成長」の限界と向かい合ってきた。また、好漁場は離島や半島部にあることが多く、これらの地域では、経済成長から取り残されたという表現ではいい足りない、むしろ経済成長によって衰退させられた、といえる過疎地の問題をも抱えてきた。

加えて、二〇〇カイリの設定によって外国水域からの撤退を余儀なくされ、その後も輸入水産物の急増による魚価安などもあり、我が国の漁業は過去三〇年以上もの間、苦難と衰退の渦中にあった。

その一方で、成長を遂げていた我が国の経済も、バブル崩壊以降においては、成長の限界を迎え、グローバル化による工場の海外移転のために雇用環境が悪化するなど、漁業と同じ道を歩み始めたように見える。

二〇一二年十二月の総選挙で自由民主党が政権に復帰し、いわゆるアベノミクスが始まった。これにより、株価の上昇、円安の進行などの経済状況の変化が起こりつつあり、一部の経済指標には好転の兆しが見られるという。また、二〇一三年七月の参議院選挙では、アベノミクスが評価され自由民主党は大勝した。まだまだ成長は続くのであろうか。

いやそうは思わない。

私は、その施策による一時的な効果はあったとしても持続性がなく、また、一部の人の富は増えても大多数の人へは波及せずに終わると思う。むしろ、やれることはすべてやり尽くしたという、その副作用による悪影響のほうが心配である。なぜなら、アベノミクスの「三本の矢」とは、過去において講じられた施策の延長に過ぎず、あくまで「経済とは成長するもの」を前提としているからである。

また、選挙で大勝して、経済が成長するのであれば、すでに我が国は、この一〇年で二度も成長しているはずだ。

エコノミストと呼ばれる経済学者や専門家たちは、混迷を深める我が国の経済について、種々の見解を提示し、論評している。

しかし、それらの見解は根本的なところで実は大きく異なり、本質的にはだれもわかってはいないと思わざるを得ない。まさに、百家争鳴《ひゃっかそうめい》の状況であろう。彼らの中でも特に、新自由主義的な考え方に近い人たちは、農業や漁業に対する批判をくり返すばかりだ。

中には日本漁業の実態をまったく知らないのではないかと思うような経済学者がいて、一部の外国漁業の事例をもとに、とうとうと漁業改革論を述べている。この程度の見識や知識で世の中に向かって大それたことをいえるのならば、まったく逆の視点、すなわち一般経済界を漁業の世界から見る立場があってもよいのではないか。

漁業という特殊な産業の行政に長年携わってきた、私のような人間の立場から、「成長」の限界下にある分野の産業界や、地域経済に依存するしかない多くの中小企業の関係者に、衰退期をどう生き残っていけるか、参考になることがあればよいと考えた。私自身の見解を述べたくなり、筆を執った次第である。

漁業関係者においても、我が国漁業の長い歴史の中で、幾度となくくり返されてきた成長と衰退の中から生まれた先人の智慧《ちえ》を再認識し、現在に生かす機会となれば幸いである。

第一章　自由競争こそ諸悪の根源

限りある天然資源に依存する漁業は、資源の生産が限界に達したときから、漁業者が収入を増やそうと必死に働き、他者と競争すればするほど、さらに全員が貧しくなるという「コモンズの悲劇」を抱えた産業である。

しかし、これは漁業に限ったことではなく、我が国経済も、成長の限界を迎え、同じ悲劇に陥り始めたように見える。

特に問題なのは、この情勢下において、規制緩和で競争が激化し、さらにその悲劇を増幅させていることである。

競争には、多くの無駄《むだ》と非効率があり、これが、格差拡大を招く要因ともなっている。

成長の限界を迎えた我が国においては、競争主義による需要の拡大ではなく、日本人の特性である共生の精神を生かし、供給を絞っていくことを模索すべきであろう。

一・漁業におけるコモンズの悲劇

限りある天然生物資源に依存する漁業は、資源の生産力の限界に達したときから、漁業者が収入を増やそうと「努力すればするほど、頑張れば頑張るほど、みんな貧しくなる」という現象が現れる…、いわゆる「コモンズの悲劇」（コモンズ＝共有地）を抱えた典型的な産業といえよう。

コモンズの悲劇とは、アメリカの生態学者であるギャレット・ハーディンが、一九六八年に発表した経済学の法則である。

コモンズの悲劇を簡単に説明するためによく使われる事例が、共有牧草地での牛の放牧である。個々の農夫は、最初は少ない頭数から放牧を始めるが、収入を上げようと次第に頭数を増やしていく。ところが、どこかの時点で牧草地の生産力より放牧頭数のほうが多

図２　漁業付加価値の構成要素（儲《もう》けの方程式）と周辺環境の変化

国際環境
・外国水域からの撤退
・輸入水産物増加（円高も影響）
・（近年）一部水産物の輸出増加
・燃油の高騰

国内環境
・他産業の所得向上
・バブルの崩壊
・小売店舗の変化
・家庭内消費の減少（外・中食化）

付加価値（儲け）＝量（漁獲量）×質（生産者魚価）－コスト（経費）

自然環境
・埋め立てなどによる漁場環境悪化
・都市・産業廃水などによる水質汚染
・人為的影響または天然変動による資源減少

くなり、牛は太らず収入が減り始める。そこで減収を補おうと、もっと放牧頭数を増やす。この結果、子牛の購入コストは増し、牛の管理も大変になる一方、過剰放牧で牧草地の生産力が減少し収入はさらに減る。

　ついには、全員の農夫が赤字となる。

　農夫としては収入を増やすため、必死に働き努力すれば努力するほど、逆にそれが悲劇を招くというものである。

　我が国漁業の現状は、漁獲量、金額ともピーク時からほぼ半減した。また、図2の漁業付加価値の構成要素では、量が二〇%減（マイワシを除く）、質が二〇%減、コストが二〇〇%増とすべての要素において悪化した。この過程で、漁業は悪循環（負のスパイラル）に陥った。

　それを簡略に示したのが、図3である。まず「①資源悪化」が始まると、漁獲量の減少と魚体の小型化（単価安）が生じ、「②漁獲収入減少」が起こる。そうな

図3　漁業の衰退期に起こった悪循環（負のスパイラル）

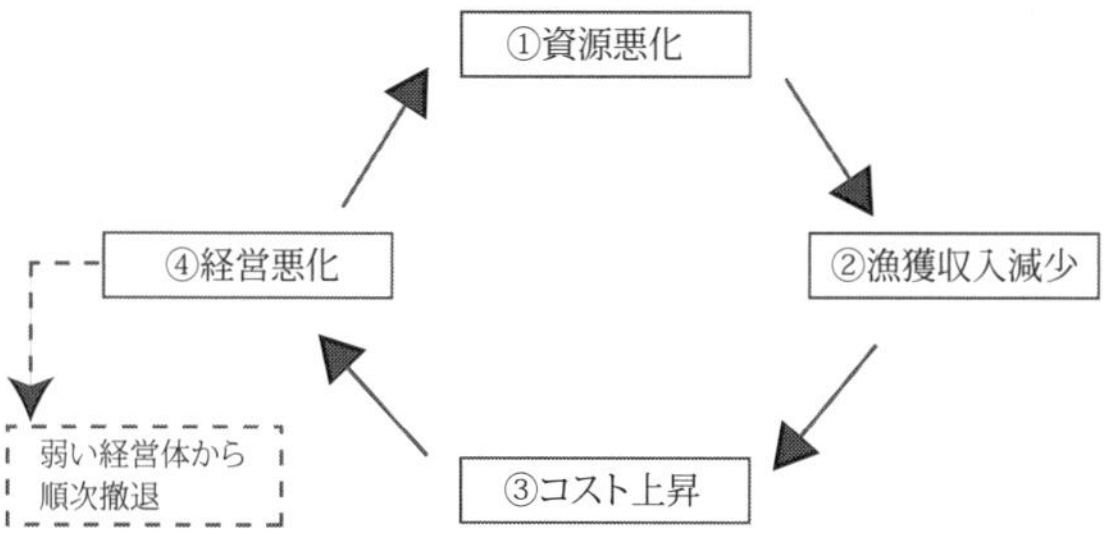

（注）悪循環のスタートポイントがすべて「①資源悪化」とは限らず、比較的資源の安定した漁業でも、輸入魚の増加などによる魚価安による「②漁獲収入減少」からこの悪循環に陥る例もある。

ると漁業者は漁獲量を回復しようと漁船能力を増強し「③コスト上昇」を招く。収入減とコスト増の当然の結果として「④経営悪化」となる。またこの過程を通じ漁獲競争が激化するので、いっそうの「①資源悪化」が引き起こされ、悪循環は第二ラウンドへと進む。

このようにして、弱い者から順次撤退し、勝者なき「底辺への競争」が続き、コモンズの悲劇に陥ったのである。

もちろん、すべての競争が悪いわけではない。我が国も世界一の漁業国として飛躍的な発展を遂《と》げた当時、大いに競争が貢献した。

しかし絶対にやってはならないことがある。

それは、資源（供給）の減少や魚価（需要）の低迷が生じ始めたときの競争だ。

二．コモンズの悲劇が一般経済界にも生じ始めた

新自由主義者にとって、競争を否定する者は「神をも恐れぬ堕落者《だらく》」であろう。

しかし漁業の世界では、成長の限界下では「競争こそ諸悪の根源」「百害あって一利なし」はごく普通に受け止められる。

だから不思議でならない。

なぜ、経済界ではこのような経済情勢下においても、異口同音に「競争」「競争」というのだろ

うか。我が国では、小泉・竹中構造改革による規制緩和で競争を激化させた。新自由主義者の理屈では、競争力のある経営者が市場を占め、よりよい商品がより安く供給されることで需要が喚起《かんき》され、さらに、退場者が新たな産業に従事することで経済全体が拡大する…、はずであった。しかし現実はそうなっていない。

これでもまだ「競争が足りない」というのであろうか。

我が国は成熟期または衰退期に入った国といえよう。ほしいものはほぼ手に入り、人口も減少に向かう。競争を煽《あお》れば、だれもが買いたくなる新商品（需要）が、次々に生まれるのだとしたらなら苦労はしない。その証拠に、市場を巡る競争といっても、その中身は、安売り競争でしかなかったではないか。

成長の限界下での競争は過剰投資を招き、同時に収益性をも低下する。

結果は見えている。

その典型がタクシー業界の規制緩和と思う。すべてが敗者となり、残ったのは以前より長くなった客待ちタクシーの列だけ。競争で生まれるはずだった、新たな産業に転職できた運転手など聞いたこともない。行き先がなければ、低賃金、長時間労働の仕事でもしがみつかざるを得ない。中には、自ら客引きする運転手まで現れたという。

さすがに、新自由主義者も「競争が足りない」とはもういえないだろう。

さらに、我が国の輸出を支えてきた基幹産業の家電メーカーも軒並み赤字で苦境にある。ウォン安を背景にした、韓国メーカーの追い上げもあったのだろう。しかし、まったく韓国製が見当たらない日本国内ですら、一インチ一万円時代からすると、液晶テレビの値段が五分の一とびっくりするほど安くなっている。そこまで安売りしなくても十分に価値があると思うが、いき過ぎた価格競争で大規模なリストラを余儀なくされたうえに、最終的には共倒れになりはしまいかと心配である。

ついに、一般経済界においても、コモンズの悲劇が生じ始めたといえよう。

だからといって、競争が常に悪い結果をもたらすと、いいたいわけではない。競争主義の対立概念を仮に保護主義とすると、それらは役割分担関係にあるといってもよいのではないか。

競争主義をそのメリットの側面から評価すれば、豊かさのもととなる良質で安価な商品、またはサービスを効率的に生み出すもの……。一方、保護主義をそのメリットの側面から評価すれば、豊かさをより多くの人間に幅広くもたらすもの、ともいえる。

どちらがよいか悪いかではなく、豊かさを生み出しそれを社会に広めるために、いずれも必要となる。ただし、それぞれ欠点も同時に併せ持ったものであることから、それぞれが状況に応じ役割分担すべきものといえる。重要なことは、状況に応じ、いずれにウエイトを置いた施策が選択されるかであり、今のように経済成長が鈍化したときは、「底辺への競争」を回避するため、基本的には保護主義に重点を置くべきではなかろうか。

三、競争には無駄《むだ》が多い

新自由主義者のいう「競争なきところに進歩なし」は、ちょっと聞いただけではだれにでも、素直に受け入れられやすい。しかしよく考えると、競争とは限られた需要を巡るシェアーの奪い合いであり、大変非効率な手法ともいえる。なぜなら、需要に対する生産能力がそれ以下では、競争は成り立たないから。

よって、競争には必ず需要以上の生産手段が存在し、これは過剰投資となる。

さらに、競争力のない企業においては倒産が近くなると、在庫を処分しようと赤字覚悟の価格でダンピングしてくることが多い。このため、競争力のある企業もそれにつれ収益性が低下してくる。需要と供給の均衡点で価格は安定するというのは、経済学の教科書の上の話である。実際には均衡点をいき過ぎ、ほとんどの企業は採算割れの行き着くところまで行き着く。

競争に対立する方法として、関係企業が話合いで過剰な競争を抑制するやり方があるが、これを仮に「共生談合」とする。この場合、需要にあった投資に限定され、無駄な投資がない分、収益性が高い。例えば、給与の高い業種の順では、報道機関、銀行、保険・証券、電気・ガス・水道、公共事業などで、実体上過剰な競争が規制またはその専門性により抑制されているといえる。

一方、一番給与の低い業種は、宿泊・飲食サービス、農林水産業・鉱業、サービス業ということである。これら業種の特徴は、きわめて参入が容易であることや、輸入品との競争にさらされていることであろう。

新自由主義者の好きな「規制緩和による競争拡大」とは、「安給与の拡大」と同意語と受け止めても間違っていないと思う。

また、技術開発部門への投資力においても差が出てくる。底辺への競争とは、チキンレースのようなものであり、体力のないものから撤退し、少数が残り寡占《かせん》状況に至るまでその競争は止まらない。このため、当然技術革新に向ける財務的な余裕がなく、仮にあっても目先の価格競争に優先的に向けられることから、技術革新は停滞する。

一方、多くの企業が撤退し寡占状況になれば、今度は競争そのものが抑制され、それまでの赤字を回収しようと価格維持がしやすいことから、これまた技術革新に経費を投入する必要性が乏しくなる。

すなわち、技術革新は企業が一定の収益を上げて経営が安定し、例えば、企業間の共同技術開発体制が整って、技術者に高い目標が与えられ、達成感が見い出せるときに進むものではないか。

競争主義のみでは決して技術革新は促進されず、むしろ停滞する。

ではなぜ、消費者は談合やカルテルを嫌うのか。

それは、その談合が楽して儲《もう》けようとする「悪い談合」で、消費者が高いものを買わされていると受け止めるためであろう。しかし、それは共生談合の目的とコスト（特に、株主・役員が高額の報酬は受けていないか、社員の給与がどのレベルにあるかなどを含む）の開示が十分されていれば理解が得られると思うが、どうだろう。

いやいや、実際にはそう甘くはないであろう。なぜなら、消費者は、企業が持続的経営を維持できる価格であろうがなかろうが、「安ければよい」とし談合を嫌うためである。

しかし、ここはじっくりと考えてみる必要がある。競争がもたらす過剰投資による倒産は、不良債権の処理や失業者の増加などで不況へとつながり、巡り巡って消費者の持つもう一つの顔である生産者・労働者としての立場に、所得の減少や増税という形で戻ってくる。

よって、経済が成長から安定または低迷期に差しかかったときの過当競争から起こる「コモンズの悲劇」は、同業の企業間のみに生じる悲劇ではなく、経済全体を通じ消費者も敗者にしてしまう悲劇と理解すべきである。

マスコミに煽《あお》られ、「談合けしからん」「価格破壊すばらしい」などといっていると、より高いつけを支払わされることになる。一〇〇円安いものを買えば、巡り巡って自分の給与が二〇〇円下げられることを、消費者はそろそろ悟るべきであろう。貯蓄で生活している退職者も、自分に給与は関係ないとはいかず、年金を負担している若者の給与が減れば同じことである。

なお、漁業における過当競争は資源の減少を招き供給量も減ることから、漁業者のみならず、消費者にも「最近あの魚、見なくなったねー」とか「どうしてこんなに高くなったの」とかで、直接感じることができるので、回りくどい説明をする必要もなく、生産者・消費者一体となった悲劇として理解しやすい。

四．競争に不可避な敗者によってもたらされる非効率性

競争に、敗者は避けられないという。

小泉・竹中改革による競争社会への移行に際し、一時「セーフティーネット」なるものがよく議論されたが、この言葉は文字どおり訳せば、敗者への「安全網」である。競争社会からはじき出された人間を、まるで一時保管のゴミ箱にでも入れるような感覚である。

人間は、他人のために役に立っていることが生き甲斐《がい》となり、それが互いに重なり合って、助け合いの社会が形成されるのではないだろうか。それをおまえは負け組だから、勝ち組の稼《かせ》いだ金のおこぼれにすがって生きていけとは、労働の機会を剥奪《はくだつ》するだけでなく、人格をも否定した政策である。

そのような社会にどうして助け合い、共に生きていく精神が生まれようか。

経済学では金持ちがまず富を増やし、それがだんだんと貧乏人にも広がっていくことを、「トリクルダウン（おこぼれ）」というらしい。「おこぼれにあずかる」とは、人をホームレス扱いにし

たひどい用語である。さらにひどいのは、そのおこぼれすらも実際にはいつまでたっても広がらず、トリクルダウン効果は実在しないとの学説があること。どうも強欲組《ごうよく》に都合のよいありもしないことを、でっち上げられた可能性が高い。

中国でも開放路線への転換に際し、「豊かになれる者から先に豊かになる」としたが、「ごく一部の豊かになれる者のみが、ますます豊かになる」が実態で、その結果が超格差社会ではないか。

一人の成功のために多数を犠牲にするのが市場競争社会とすれば、それは決して効率的な経済体制ではない。なぜなら、その勝者となった企業のみを考えれば、少ない社員で多くの生産金額をあげることから効率がよいかもしれないが、その会社が生み出した多くの失業者の生活維持に必要な経費も、その企業が税金で負担すべき潜在的なコストとすれば、働かない社員を多く抱えた非効率な企業といえよう。

自分だけが天国に行こうとしても、結局地獄に舞い戻る「蜘蛛《くも》の糸」の話と同じ仕掛《しか》け。細い糸でも一人一人が働く場（糸）を与えられれば、みんな天国に行ける。いかにその糸が太くても自分一本の糸で、下に九九人をぶら下げることなどできない。

よって、新たな雇用がどんどん生まれる状況でない限り、市場競争社会は決して効率的な社会とはいえず、生産やサービス活動に従事する総労働力が減少する衰退経済である。

さらに、セーフティーネットにはその前提として、税金の徴収、分配という無駄《むだ》な作業も伴う。それを考えると、社会の中で敗者が出ないように支え合うほうが効率的ともいえよう。社会保障にすがるしかない不労所得の人間を増加させる格差社会が、効率的社会でも、安定的社会でもあるはずがない。

社会主義の崩壊した主な要因は、一党独裁のもと、少数の党幹部による画一的な思想の押しつけで、個々の人間性を軽視したためともいわれている。少数の勝ち組を中心に、すべては「競争」と「金」で解決できるとの価値観を押しつけていく自由競争至上主義の資本主義も同じく、人間性の軽視によって崩壊する運命にあるといえないだろうか。

五．競争がもたらす格差拡大は資源乱獲と同じ構図

自力で資本を蓄積し、外国の技術を特許料などの対価を払い、導入せざるを得なかった昔と異なり、安い労働力と国内市場さえ提供すれば、多国籍企業が喜んで資本と高い技術を持ち込み、国内に工場を建ててくれるのがグローバル化の時代である。これが新興国の経済成長に大いに貢献したのは否定できないが、同時に世界各国において格差拡大をもたらした。

特に、経済先進国における格差の拡大は、株主・役員の利益第一主義や、競争力強化のための労働者への付加価値配分率の低下が要因である。このため需要（労働者＝消費者）を低迷させ、社会保障費の増加（財政悪化）も招いた。

さらに格差拡大は、その偏在した金の使い方によっても需要を低迷させている。

実体経済が振わないから投資先がどうしても投機的な金融市場に向かう。その結果、食料、石油などの生活必需品でもある資源価格を高騰させる。また、各国の金融危機対策による金余りが、再び金融危機を起こし財政をさらに悪化させかねない。

自由貿易の促進と、国内規制緩和によって生じる競争の激化がもたらす、一般経済の低迷への悪循環、すなわちコモンズの悲劇を、フローで示したのが図4である。

以上のように、株主・役員の強欲《ごうよく》は、企業の持続的経営に

図４　競争激化から始まる一般経済におけるコモンズの悲劇の流れ

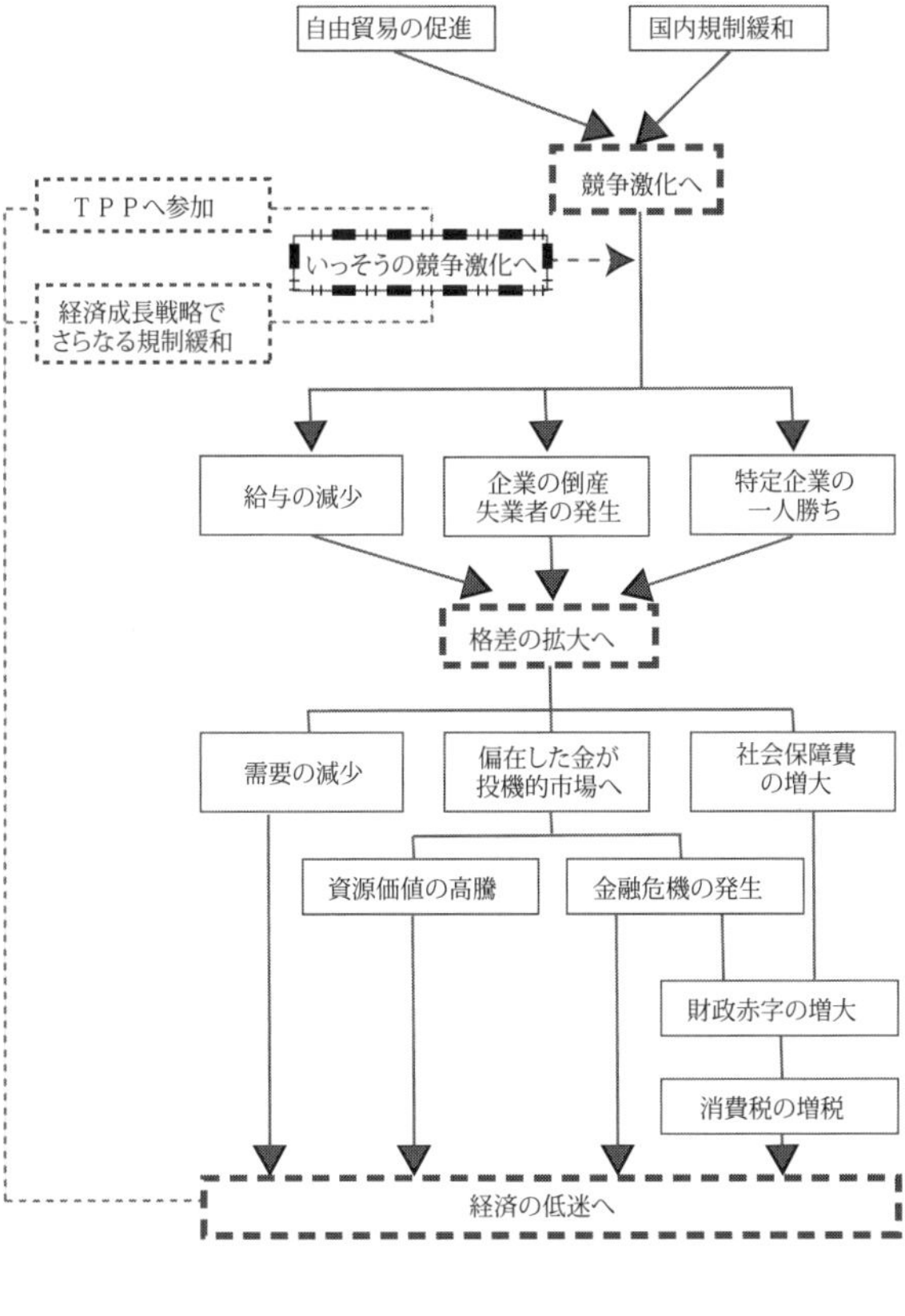

不可欠な需要の再生産を自《みず》ら阻害しており、まさに漁業の「資源乱獲」とまったく同じ構図といえる。

では、漁業はどう対処しているのか。以下、参考までに紹介したい。

水産資源は「子が親になり、また子を生む」のくり返しである。

よって、資源状況が悪化しないように、休漁などで稚魚を一定割合取り残こし、親魚を確保することが漁業者に義務づけられる。いい方を変えれば、

「自分の商売に不可欠な資源の再生産は、自らの責任で確保せよ」

となる。

これを一般の経済活動に当てはめると、

「商品を販売したり、サービスを提供しようとする企業は、将来の需要を自ら作り出す義務（一定割合以上の労働配分率の確保）を負わなければならない」

となる。

商品が売れないから借金や増税に頼った景気刺激策を求める…、輸出が伸びないから見返りとしての国内市場の開放を求める…、の前にやることがあるのではないか。

刈り取るばかりで種をまかないごとく、自らの強欲《ごうよく》で賃金を減らしたのは、不況の原因ではないのか。貧富の格差が小さかったころのアメリカも、経済は好調だった。

それに比べ、貧富の差が少なかった我が国ではあったが、生活保護受給者が二一六万人（二〇一三年三月）となり戦後のピーク時を超え、一方で、金持ちは引き続き増加している。経済先進国の中

で、我が国のみデフレが長期に継続している原因は、派遣労働者の増加などで賃金が減少しているためという説もある。こんなことで、経済の再生などできるわけがない。

株主・役員のやるべきことは明白である、「強欲《ごうよく》を正せ」。

六．成長に競争は不可欠か

経済成長の原動力は、競争が生み出すイノベーションという。競争で、勝ち組・負け組の間で格差が生じるのはやむを得ない…。「格差なきところに、進歩なし」が新自由主義者の基本的考え方といえよう。

では、我が国の高度経済成長は、競争から生まれたのであろうか。例えば、これに大いに貢献した人の移動手段である世界に冠たる新幹線技術は、どのような競争下において生まれたのか。一九六四年の開業時には、今のような飛行機との競争などなかった。この技術は、戦前からの技術の蓄積と「より早く」を目的にした、技術者の純粋な開発意欲から生まれたとしかいえないと思う。

また国内の中小企業の匠《たくみ》の技は、競争よりも職人の持つ「技術へのこだわり」、純粋な「よりよいものを」という、日本人の持つ勤勉さから生まれたものと解釈するほうが適切ではないか。

技術力も乏しかった戦前に、欧米の戦闘機を凌駕《りょうが》する零戦《ゼロ》を作った日本人の才能は、決して市場競争から生まれたのではない。国防という国家目的に一丸となって取り組んできた、技術者魂から生まれたと思う。

日本人は、労働を苦役《くえき》ととらえる欧米思考ではない。むしろ技術者に目標を与え、それに向かって取り組む環境を整備してやるほうが、「競争・成果主義」を煽《あお》るより、よい結果が出るものと考える。日本人の長所である、勤勉性や技術へのこだわりを引き出すためには、終身雇用、年功序列のほうがより合っているのではないだろうか。

七．利己的な遺伝子の観点から見た競争の問題

動物行動学者のリチャード・ドーキンスの『利己的な遺伝子』は、専門書にもかかわらずベストセラーになった本である。書名は利己的となっているが、この本を読むと、内容はむしろ動物のとる利他的な行動について書いてあると感じる。

例えば、次のような事例がある。

「血吸いコウモリ」は、その夜に十分に餌をとれなかった（血を吸えなかった）仲間に、自分の吸った血を吐き戻して与えるという。それは献血側のコウモリが与える血は、受血側のコウモリにとっての同量の血ほど貴重なものではなく、逆に自分が不運な夜には、同じ行為により大きな恩恵を受けることができるためとしている。

動物は、遺伝子の生き残りのための「遺伝子プール」と呼ばれる乗り物のようなものであり、動

物の行動は、この遺伝子の指示に基づくとしている。その中で動物の自己犠牲的な行動をとる理由を、個々の個体が自分の利益のみを追求していては、その種全体が絶滅に瀕《ひん》する確率が高くなるので、その中に自己犠牲をとる遺伝子を組み込み、結果として種の生き残りを高めるため、としていると受け止められる。

この考え方に基づけば、市場において自己の利益を最大にしようとする自由な競争を放任しておくと、いずれその種は滅びることになる。

とてつもない長い年月をかけ、生き残りをかけてきた生物が学んだ行動から見ると、自由放任の競争主義は危険なものとなる。

『利己的な遺伝子』でも、利益追求が基本にあることは認めているが、無条件ではなく、自己犠牲なき利益追求はダメだといっている。

一見すると利他的に見える動物の行動も、いずれ利己的な成果となって戻ってくる。これは、日本のことわざにある「情けは人のためならず」とまったく同じではなかろうか。

強引なこじつけに近いが、私の好きな黒沢明監督の映画『七人の侍』のある場面のセリフを、勝者と敗者に置き換えると、大変ピッタリするのでぜひ紹介したい。

それは野武士から村を守るために、三軒の離れ家を見捨てざるを得ない場面である。当然三軒に住んでいる村人が反発し、隊列から離脱しようとした。そのとき勘兵衛役の志村崇が、バッと刀を抜いて、村人の前に立ちはだかりいったセリフ、

「離れ家は三つ。部落の家は二〇だ。三軒のために二〇軒を危うくできん。また、この部落を踏みにじられて離れ家の生きる道はない。他人を守ってこそ自分も守れる。おのれのことばかり考えるやつはおのれをも滅ぼすやつだ。いいか戦いとはそういうものだ」

ここのセリフは、何度聞いても本当にいいセリフだ。

これを、以下のように置き換える。

「勝者は三人。敗者は二〇人だ。三人を金持ちにするために、二〇人を貧乏人にできん。また、多くの人々が貧しくなるような社会では金持ちの生きる道はない。他人を豊かにしてこそ自分も豊かになれる。おのれのことばかり考えるやつは、おのれをも滅ぼすやつだ。いいか、経済とはそういうものだ」

私も、新自由主義者の前に刀を持って立ちはだかり、一度このセリフをいってみたい。どんなに気分がスカッとすることか。

それはわかる。だが、運悪く自分が金持ちで犠牲に回る側の人間になったとき、何の得があるのかと、文句をいいたくなるのも当然である。しかし、その立場となった人間には、別の幸せを感じることができるように仕組まれていると思う。自分の利益のみを追求していくら金持ちになっても、だれからも尊敬されない。他人のために犠牲になった人には、国民は英雄的な評価をする。

「あいつは犠牲になって馬鹿だ」と、なぜいわないのか。

これは別に道徳教育や宗教など事後的に人間が身につけた感覚ではなく、遺伝子の中に「利他的な行動をとる人間」、すなわち犠牲者に、最高の美徳を与えないと、その種というのが、結局滅んでしまうからだと強く思う。

外国からなんといわれようが、日本人が、靖国神社を参拝しようと思う理由はここにある。

特に、日本人にはその自己犠牲の価値観が強くあることから、戦国時代や明治維新など困難な時代に多くの人材が輩出されたと思う。しかし、神風特攻隊の攻撃を受けたアメリカからすれば、そのような日本人の価値観こそを徹底的に破壊するのが、占領政策の目的であったこともうなずける。

欧米由来の強欲《ごうよく》至上主義が蔓延《まんえん》する今の時代において、日本を混乱と衰退から救う人材とは、いかなる価値観を有する者であろうか。「勝ち組、負け組」、自己責任などといっている利己的な者でないことだけは、だれの目にも明らかだと思う。

八．競争と宗教観

宗教学者の山折哲雄氏の話から・・・。

それは旧約聖書の「ノアの箱船」と、仏教の法華《ほっけ》教にある「三車家宅《さんしゃかたく》」の比較である。

いずれも人々が、危機や退廃に陥ったときの、救済についての教えであるが、キリスト教は原罪意識のもと「一部の人間しか救われない」のに対し、仏教は「すべての者を救う」とのこと。

これで思ったことは、この宗教観が社会・経済のあり方にも通じ、前者は「勝ち組、負け組」ひいては格差の是認につながり、後者は社会全体の公平性を求める、という違いになったのではないか。ヨーロッパ文明の欠陥は、日本の江戸時代のようなゼロ成長下における持続的社会を経験したことがないことにあるような気がする。常に侵略するか、されるかの競争社会であり、また高緯度に近いため、安定的な穀物栽培に不向きで、常に飢えに脅《おびや》かされていた。

このため逆に文明が発達し、論理的な思考も得意であったが、人間性の根幹で攻撃性と排他性（独善性）の強い性格が生じてしまい、近世以降、世界中に武力を持って侵略し、不幸をばらまいてきたのではないだろうか。

また、経済史観においても競争重視、強い者勝ち、干渉を嫌う市場原理主義を生み出した。市場競争原理の行き着くところは、競争に勝ち残った少数の者と多くの敗北者であるが、これはまさに「ノアの箱船」そのものである。

ということは、市場競争原理は日本人の宗教観にもそぐわず、これを追求することでは、決して日本人は幸せになれないということにならないか。その国の経済は、その国の道徳のうえに、ふさわしい形として成り立つべきものではないか。

九．自由競争は不公平競争

コモンズの悲劇からすると、資源（需要）の限界下における競争は、共倒れを招くはずだ。真の厳しい競争下にある企業は収益性が低下し、従業員の給与も下げるが、同時に株主配当や役員報酬も減額されるはずである。

しかし、規制を撤廃し自由な競争をしているはずの市場原理主義の下では、一％の勝者と九九％の敗者を生み、共倒れにはなっていない。厳しい競争下にあるはずの市場原理主義に、高額の配当や役員報酬を払う余裕があるのはなぜだろう。

中国のような経済新興国では、経済成長の限界を迎えていないので、まず一％から豊かになることもあり得るだろう。しかし、低成長、またはマイナス成長下にある日本のような経済先進国でも金持ちは増加している。

なぜ低経済成長下での競争が、九九％に悲劇をもたらし、一％に天国となるのか。

おそらくコモンズの悲劇では、共有地において牛を放牧する農夫の間の競争力を同一としているのに対し、現実は、例えば品種改良され二倍もの成長をする牛を持ち込んだ農夫が新規参入したようなものであるからだろう。これでは、新規参入農夫の一人勝ちとなるのは当たり前である。普通であれば、他の農夫も品種改良された牛を放牧し始め、再びコモンズの悲劇が起こり得るはずである。ますます一人勝ちになっているのはなぜか。答えは簡単。

市場を巡る競争が、公平でないからである。

市場原理主義者のいう「自由で開かれた市場」とは、一見公平なものとの錯覚《さっかく》を与えるが、階級制の壁を越えて、自由に参戦できるボクシングのようなもの。

特定の者に有利な、きわめて不公平な市場といえる。ヒト・モノ・カネが国境を越え自由に移動するTPPの世界では、重量級の一人勝ち、中・軽量級はすべて敗者。亀田三兄弟も、存在し得ないボクシングでは、お客は離れ、興行も成り立たなくなる。

スポーツ競技はその特性に応じたルールがあって、初めてその醍醐味《だいごみ》が発揮される。相撲の世界には階級制はない。これはこれでよいのかもしれない。

しかし、相撲の世界でも、柔道の軽量級のような技の切れ味の鋭い相撲を見てみたいものである。経済の世界でもそれぞれの国ごとに、さらに同じ国の中でも国民の能力ごとに、経済発展の醍醐味を味わい、その恩恵を被ることができるルールが必要ではないか。市場を通じた真の競争というなら、新たな牛を持ち込んだ農夫にハンディを負わせ、その間に他の農夫も同じ牛を手に入れることで、互いの競争条件を一致させるべきだ。

経済の世界でも、一定の貿易制限と国内規制こそが、公平な競争に不可欠である。

経済活動における規制や制限は、生産者の立場を優先し、消費者のためにならないというが、消費者は同時に生産者であり、両面から判断すべきでないか。

現に寡占《かせん》化された企業による実質的な競争が乏しい分野では、価格が上昇するというデータもある。先に触れた給与が高い分野は、実質的に競争が乏しい業種である。給与の高い順でいえば、マスコミがトップであるにもかかわらず、最《もっと》も少ない階層の農業や漁業に対し、既得権益にあぐらをかいていると批判する。貧乏にあぐらをかく人間はいない。

よほど自分たちのほうが、再販制度や電波免許利権にあぐらをかいていることを自覚すべきだと思う。なお、コモンズの悲劇の中で共倒れが起こらず、一部の農夫だけが豊かになる方法が別にもある。それは後述のグローバル化のところでも指摘するが、いつの間にか別の新しい牧草地に牛を移動させ、出荷の段階になり、その牛を再び共有地に持ち込む農夫が現れた場合であろう。

それは人件費の安い外国に国内工場を移転し、その製品を再び国内に持ち込む（輸入する）経営者のような存在であり、これでは全員の条件が一定とする、コモンズの悲劇の前提が当てはまらないので共倒れが起こらず、格差が生じてしまうのも当然である。

一〇．成長の限界下においては構造改革も需要の喚起《かんき》も役に立たない

我が国経済の再生には、市場原理主義者のいう構造改革路線を推進し、安くてよい製品を作れば、ものは売れ始め景気は回復するという考え方がある。

一方、ケインズ的な内需拡大で、財政支出により需要を刺激し景気を回復させる考え方もある。

しかし、前者ではデフレをさらに悪化させるだけだった。

後者は一時的な効果はあっても持続せず、財政赤字をさらに増加させるだけだった。

いずれも解決には、つながっていない。

なぜ教科書どおりにコトは進まないのか。双方の専門家の本を読んでも、「やり方が生ぬるい、もっ

と徹底してやれ」と書いてあるが、結果が出ていないことはいずれも同じで、どちらが正しいのか正直わからない。

安くてよいものを作れば、消費者が買い始めるであろうか。

液晶テレビが安くなっても、そう簡単には買い換えない。耐久消費財などで必要なものがほとんどそろっていれば、それほど買わない。また、安くてよい製品でも人件費の削減を伴うものであれば、購買力の減少とセットであるからそれほど売れない。

よって、構造改革路線では、うまくいかない。

一方、財政支出により需要を喚起しても、国民が自分の財布からお金を出して買い続けるような乗数効果の高いものがないので、何度景気刺激策を講じても一時的なものに終わってしまい、国の借金を増やすだけだった。

確かに、一四〇〇兆円近い個人金融資産があるので、国民が自主的にこれを使えば、政府が国債を発行しなくてもよいと思う。しかし、この資産も六〇歳以上の高齢者によって多くが占められ、これからの購買層の中核となる中年・若年齢層の金融資産は限られている。また、個人金融資産の額も、この経済状況で年々減少している。

まさに、八方ふさがりである。

経済のプロでもわからないことを、素人の私がわかったようにいうのもおこがましいが、農業も漁業もまったくのど素人の経済団体や学者が、「かくあるべし」とわかったようなことをいっているのにお許しを得て、いわしていただくと、いずれの方法も供給と需要のアンバランスを是正するために、需要を増やすことを最終的な目標としている。

これこそが大間違いである。

経済成長の限界下では、なにをやっても需要の増大効果は一時的で、むしろその副作用のほうが大きく、需要は決して増えない。

それを前提にすれば、供給を減らすしかない。

それには「コモンズの悲劇」の解決方法である、話合いで全体の供給量を削減し、カルテルで価格維持をしながら、併せてその効果を減殺する輸入を抑制する。この方法しか、デフレから脱却する方法はない。

漁業にも「大漁貧乏」というものがある。漁船隻数は同じでも、資源の勝手な増加で平年の何倍も獲れたりする。

このため価格が暴落し、量は増えたのに逆に収入が減る。

デフレと大漁貧乏は、いずれも供給過多と収入減という点で同じかもしれない。

しかし、大漁貧乏対策として、イノベーションで漁船の漁獲効率を上げても、ますます供給量が増え事態は悪化するだけ。

消費者に金を出して需要を喚起《かんき》しても意味はない。すでに価格は低下しているし、人間の胃袋には限度があるので、金を出せば増えるものではない。よって、業界内で生産調整をし、休漁などで漁獲を減らし、需要に合わせるのである。

これは生産性の向上でも効果がなく、需要の喚起《かんき》でも効果がない・・・、現行のデフレ経済からの脱却において、唯一残された供給を絞る方法といえないだろうか。

一一・なぜ格差社会を生む経済体制に反対運動が起きにくいのか

国民の給与は一九九七年から二〇〇七年の間に二〇兆円分減少している。逆に一部の金持ち（一〇〇万ドル以上の投資可能資産を保有する）は、二〇〇四年の一三四万人から二〇一〇年の一七四万人に増加し、さらに東日本大震災、福島原発事故、電機メーカーの苦境下にあった二〇一一年でさえ、四・八％増加している。

若者が結婚しない理由の一つが、低収入ともいわれている。そのような格差を生む経済システムに国民はどうして怒りを表さないのだろう。

それはだれも自分が敗者であると認めたくないし、俺は「負け組だ」と、大きな声でいいたくない心理があるからではないか。そして、自分はなんとなく「勝ち組」に入れるのではないかと思いたくなる。

宝くじを買う人の心境と同じ。

みんな自分だけは当たると思っているから、統計的には絶対損するものを買い続ける。宝くじを買わない人間から見ると、朝早くから売り場窓口に、損するために行列を作っている光景は不思議でしょうがない。

あれは夢を買っているとのことで、それはそれでよいと思うが、現実の経済が「夢を買う」ようなものであってはいけない。

今の経済情勢でも、起業家として成功した人はいる。

そのような人を特集した記事を読むと、自分もできるような気になる。

これからの時代の若者は、国外に積極的に打って出よといわれると、何かまだフロンティアがありそうな気もする。確かに現状に不満タラタラ人間より、チャレンジ精神を持つことは重要であり、それは否定しない。

しかし、宝くじに当たった人の体験談につられてチャレンジしても、当たる確率はきわめて限られていて、冷酷な現実に違いはない。

結局は負け組と気がついたときには、もう目の前のことで精一杯で、とても体制批判をやる元気がなくなっているのが現状ではないだろうか。

しかし、市場競争の総本山ともいうべきウォール街でもデモが起こり始めたように、反格差社会を求める政治的なうねりは、世界的に起こり始めている。

国民が望んでいるのは一攫千金《いっかくせんきん》の投機的な社会ではなく、一〇〇円買えば一〇五円なり一一〇円なりの安定した収入が得られる社会ではないかと思う。

伊勢エビ漁はゴルフに似ている

１０月（2012年）から始まった伊勢エビ漁が翌４月末で終わり、この間で１２４日出漁した。冬の夜中の漁業現場の厳しさは文字どおり骨身にしみた。しかし、エビ漁がこんなに興味深いものとは思わなかった。私が住んでいた漁村のＨ町では漁場を分割し、順に移動することで公平に利用する。それでも漁業者間での漁獲に３倍程度の差が出る。だから面白いのである。

エビ漁はゴルフに似ている。まず一連の作業に緩急と強弱がある。波が砕ける岩場での揚網はダイナミックなドライバーショットで、静かに黙々と網を修理するのはパットか。次に頭脳と技術が求められる。私が乗った漁船の漁師Ｋさんの頭の中には海底の起伏、底質などがすべてインプットされている。プロがコースの形状を知り尽くしているのと同じ。漁獲はエビのいる場所に網を設置できるかどうかで決まるが、これはピンの近くにボールを打てるかどうかと同じ。初め、何をしているのかわからなかったが、漁場に着くと、船

漁獲は、ゴルフのようにピンの近くにボールが打てるかどうかで決まる

静かに黙々と目標（ホール）を狙うパットは結び目を狙って糸を通す網の修理に似ている

を流したままでしばらく回りを見ている。水面下３０～４０㍍の狙《ねら》ったポイントに底刺網を落とすには、潮流、風向などを計算しないとできない。プロがティーグランドで風を読んでいる姿にそっくり。４～５㍍ずれただけで全然エビの掛かりが違う。ピンのそばにはバンカーがあるように、エビのいる海底は起伏があり網も根掛かりしやすい。網をはずすのに船を前後させ、一苦労するのはバンカー脱出のようだ。ときには網が揚がってこないギブアップもある。網の色や仕立てなどエビ漁のノウハウを聞き始めるときりがなく、一冊の本になる。

Ｋさんの腕はＨ町でトップクラス。しかし初めのころは高い新品の網を一日に何丈もダメにしたという。初めて出たコースで１ダース以上、ボールをなくしたようなものか。上達したコツを聞くと、克明な記録（日誌）と、安易に人に教わらず自分で考え試行錯誤したとのこと。残念ながらＨ町にはシニアプロしかいない。今のままでは匠《たくみ》の技が途絶えてしまう。松山英樹や石川遼のような選手が早く入って来てほしいが、そのためにはもっと賞金が多くないとダメだろう。ちなみに、私はＫプロのキャディー見習いといったところか。

第二章　貿易は本当によいことなのか

貿易とは、本来、国内で満たせないものを輸入することが目的であり、輸入と輸出はセットであるはずだ。また、貿易はメリットとデメリットを併せ持つことから、これをコントロールする貿易制限措置は、不可欠である。

貿易黒字や自由貿易を手放しで、よいとするのは誤りであり、今日の我が国経済・財政の苦境も、過去の対米貿易黒字に原因があるといえよう。

物事の本質は、生きていくために必要な富を自《みずか》ら作り出すのか、他人に依存するかの違いである。我が国は、不安要素の多い外需に依存するのではなく、内需主導の経済を目指すべきである。

一・虫がよすぎる新興国の経済成長の取込み

内需不振の我が国は、新興国の経済成長を取り込んでいかなければならないという。しかし、新興国側から見れば、他国の内需拡大にあやかり、輸出を増やそうとする虫のよい話ではないか。

当然に新興国側も、日本への輸出を求めてくる。

内需不振の中で輸入を増やすには、いっそうの市場開放で国内の比較劣位産業をつぶすしかない。ではその輸出増加分で、国内に生じた失業者に新たな雇用の場を提供できるか。増加する社会保障費を負担できるか。若干円安に移行してきたとはいえ、まだまだ円高基調の中で輸出産業にそんな力を期待するほうが甘い。

輸出は輸入とセットである。

身長の伸びが止まった中年が、成長著しい中・高校生とお友だちになれば、再び身長が伸びるのではないかと期待してもダメな話と同じ。

過去の日本の高度経済成長も基本は内需に支えられ、それに加え欧米先進国との同時経済成長、特にアメリカの過剰な需要に支えられてきた。しかし、その時でもＧＤＰへの輸出の寄与率は一〇％台であった。

ここに、率直な疑問がある。

輸出は今後とも、我が国に大きな富をもたらすことができるのだろうか。

今はグローバル化の時代。需要さえあれば「いつでも、どこでも、だれとでも」現地工場が作られる。国内の雇用に寄与しない完成品を、丸ごと輸入するような新興国はない。

日本から見れば「空洞化」も、先方から見れば「現地化」。

これは、自《みず》ら進めたグローバル化の当然の帰結である。「空洞化で失業者が増えてもいいのか」と、他人に責任転嫁《てんか》する話ではない。日本人の従業員を見捨て工場を外国に移転し、材料も技術もノウハウも日本から持ち込み、その製品だけを逆輸入。これが、日本を豊かにする貿易といえるのだろうか。

自分たちが、豊かになっているだけではないか。

このようなことをすれば、どんな国でも急激に衰退してしまうと思う。

我が国のGDPに占める輸出寄与率は一一・五%で、ドイツ三三・五%や韓国四三・四%と比較しても低い（二〇〇九年）。

意外にも、我が国は内需主体の国なのである。

にもかかわらず、「輸出は国家の生命線」的な強迫観念がある。

どうしてか。

資源に恵まれず狭い国土に多くの人間が住む日本は、食料やエネルギーを輸入しなければ生きていけない。だから輸出で外貨を稼《かせ》がなければならない、という思い込みが強いのだろう。しかし、原発事故の影響で、火力発電所向けの天然ガスの輸入量が急増した以前で見れば、輸入のために必要なお金は、食料約五兆円、鉱物性燃料約一五兆円の合計二〇兆円程度だった。ではなぜ、当時八〇兆円も輸出が必要だったのか。

輸入は、消費者に「よりよい商品をより安く」入手できるメリットを与えるとよく聞く。しかし、輸入により一〇〇円安く買えた見返りに、給与が二〇〇円下げられてもなおメリットといえるだろうか。輸出産業を保護したいがために、無理矢理輸入するのでは本末転倒もはなはだしい。

今一度、「貿易の原点は輸入」という基本に立ち返り、輸出のあり方を見直すべきではなかろうか。

二．貿易のメリットはデメリットと表裏一体

教科書にはリカードの葡萄酒と織物の例で貿易のメリットの説明があるが、それは「輸入により国内生産者に失業が生じる」「輸出により消費者物価が高騰する」というデメリットと表裏一体である。

しかし、輸入による消費者のメリットが、生産者のデメリットを上回る場合は、国全体としてはメリットがあり、輸出の場合も消費者と生産者では立場が変わるものの、国全体ではメリットがあるとしている。輸出による国内の物価高騰のデメリットは幕末にあったそうだが、現在問題となっているのは、ほとんど輸入によるデメリットである。

しかし、「国全体としてはメリットがある」で本当に片づく問題だろうか。

なぜなら、仮に魚の輸入により価格が下がり、消費者が一〇〇円安く買え、漁業者が一〇〇円損をしたとしても、消費者が生産者に直接一〇〇円補填《ほてん》するわけでもない。消費者への税金から補填させるとしても、消費者の所得が上がるわけでもなく、物価は下がるのでむしろ消費税収入も下がる。現実は、漁業者に減収や失業のリスクといった事態は避けることができない。

また、消費者が一〇〇円安く買えるのと、生産者が一〇〇円損をするのとでは、意味するところが違うと思う。生産者が一〇〇円儲《もう》かるとその金は第一次産業を取り巻き支える関連産業にも回り、GDPを一〇〇円以上に押し上げる効果を有している。一方、消費者が一〇〇円安く買えた分をどう使うかがポイントとなるが、多くは生産分野に投資されにくい貯蓄などで乗数効果の低い使い道になると思う。

よって、消費者に一〇〇円のメリットを与えるより、生産者に一〇〇円分のメリットを与えたほうが経済的によくなる。

あえていえば、消費者は神様ではなく、消費者である生産者が神様なのである。

国内で生産できるものであれば、多少の価格差があっても輸入しないほうがよい。

これはあらゆる国内産業でいえることであり、特に経済成長が止まった我が国では、輸入増大こそ景気悪化の要因で、輸入抑制こそ最大の景気浮揚策ではないだろうか。

石油やバナナやコーヒーなら、国内で生産できないから輸入に頼るしかなく、お互いに足りないものを補完し合う本来の貿易において理にかなっている。

国内で生産できるものを、安いからといって輸入に頼るのが、本当にメリットといえるのだろうか。「国全体としてはメリットがある」が正しいのであれば、今起きているデフレ不況をどう説明するつもりか、ぜひ教えてもらいたいものだ。

「自由貿易は消費者利益」の理屈を極端にすれば、輸入に反対する産業が存在せず、すべてのものは輸入するしかない国の消費者が、世界で一番幸せとなる。

しかし、これはだれが考えてもおかしい。

国内産業がなければ所得もないので、消費者は輸入品が買えない。

消費者にとっても、貿易で得られるものと失うものとの比較考量で望ましい形が決まるのであって…、
自由貿易が消費者にとって絶対的、普遍的に好ましいなどというのはあり得ない。

消費者は、国内産業で働き所得を得たうえで、初めて輸入のメリットを被ることができる…、これを忘れてはならない。

TPPなどでいう関税ゼロの原則は、貿易のデメリットをコントロールする手段を完全に放棄するものであり、むしろ互いに不足するものを補填《ほてん》し合う本来の貿易の崩壊につながると考えられる。

なお、国内では輸出で困る人はほとんどいない。しかし、金子みすずの詩「大漁」ではないが、それは見えないだけ。海の向こうでは日本からの輸入品で失業している人々がいることを忘れては

いけない。

昔テレビで見た日本車を、ハンマーでたたき壊していたアメリカ人がそうであったのだろう。輸出を主体とした企業城下町が「世界に開かれた地方」と呼ばれることがある。なんともよい響きである。が、海の向こうの同業者にも配慮しないと、いずれ自《みず》らも競争力を失い同じ目に合う境遇にあることを覚悟しておかねばならない。


（「金子みすゞ」の詩「大漁」になぞらえれば）

夕焼け小焼けで日が暮れて、街の飲み屋は混んでるが、海の向こうで何万の、職をなくした人々が、長い行列並んでる。

三．貿易黒字は本当によいことか

貿易の原点は、輸出ではなく輸入である。

国内でみたせないものを輸入するための外国との間での物々交換が、輸出の本来の目的のはず。輸出だけの国は、貧しくなるだけなのは子供でもわかる。「輸出こそ命」というなら、海で製品を投げ捨てて来るのとどこが違う。

輸出は輸入に必要な外貨を得るためのものであり、必ずなにかの見返りが日本に入って来なければば意味がない。とすれば、輸出と輸入のアンバランスから来る貿易黒字を手放しで喜ぶのは誤りで、ちょっと考えればだれにでもわかること。

貿易黒字とは多くの場合は、相手国の国債や投資に向けられ、下手《へた》をすれば単なる紙切れになりかねない。相互に輸入と輸出のバランスのとれた貿易であれば、貿易による副作用である国内産業の失業も最小限にとどめられ、かつ、お互いの経済を安定的な自己再生型の内需主導に移行できると考える。

近年の円高に伴い、輸出先の外国から手に入れたお金を、そのまま外国で投資する場合が多くなった。これでは日本人は苦労して輸出して、外国人を豊かにしているだけの「輸出貧乏」ではないかと思う。

投資に対する見返りの所得貿易収入があっても、これまた単なる紙切れのままでは日本人の幸せにはならない。

最近やたらマスコミが報道する「貿易収支がまた赤字」に惑わされないようにすべきである。所得収支などを加えた経常収支は、引き続き黒字である。さらに、我が国の対外純資産は二一年連続の世界最大で、二位の中国をはるかに上回る二九六兆円（二〇一二年末）もある。

当分赤字くらいがちょうどよい。

なぜなら、これは日本人が働いて外国に預けたままの金であり、実のあるもので返してもらう必要があるからだ。

しかし、考えようによっては、過去の対米貿易黒字においては、紙くず化し「日本人のただ働き」に終わってしまったほうが、ましだったかもしれない。

その貿易黒字は、その後の日本に大変な問題を引き起こしてしまった。

それは、過去の対米貿易黒字は、日本の輸入が少ないという日本の国内問題に原因があるとすり替えられ、日米包括経済協議などでアメリカから多くの要求を突きつけられたことである。

それらを列記すると、

・内需拡大のため未曾有《みぞう》の金融緩和政策（これが「バブル」を生む）
・系列取引や建設業界の入札などの閉鎖的な市場の開放
・規制緩和
・大規模小売店舗法の廃止（これが「シャッター街」を生む）
・海外直接投資による産業構造の転換（これが「空洞化」を起こす）
・コメの部分開放
・一〇年間で四三〇兆円の公共投資を決定（これが「多額の国債発行」へつながる）
・独占禁止法の運用強化
・談合の禁止

などである。

また、これらにより発生した損失や、必要となった財政支出は、

・超低金利になった一九九〇年代から二〇〇五年までの国民が本来手にするはずの利息収入の減少による家計の損失三三一兆円（日銀が二〇〇七年に推計）
・バブル崩壊での損失、家計六二三兆円、企業（非金融機関）四六六兆円、金融機関八九兆円、政府一八九兆円で合計一三六七兆円（三菱ＵＦＪリサーチ＆コンサルティング調べ）
・国と地方の借金残高約一〇〇〇兆円
である。

今日の我が国の経済・財政の苦境の原因が、すべてここにあるといっても過言ではない。

このように、貿易黒字は、まさに恐ろしい結果をもたらした。「貿易は善」は根底から改めなければならないと、つくづく思う。

四．鎖国も開国も基本は同じ

ＴＰＰの推進派は「平成の開国」「バスに乗り遅れるな」「世界の孤児になるぞ」と脅《おど》す。しかし、日本は鎖国しているわけではない。

以前から、自由貿易推進論者に質問してみたいことがある。

それは地球が一つの国家になったら実質上「地球国」として鎖国状態となるので、貿易がなくなり消費者は不幸になるのか。

物事の本質は鎖国か開国かではなく、経済成長の要因を外に求めるか自《みずか》ら作り出すかだけではないか、という元京都大学大学院准教授中野剛志氏の考え方に大いに共感する。中野氏は、柴山桂太氏との対談集『グローバル恐慌の真相』の中で

「保護主義は鎖国にあらず。国内分業を勧め国民同士の結合を強めること」

とし、

「保護主義国の間の方がより貿易が盛んになる」

との考え方を示している。

その理由は、保護主義のほうが内需を拡大し経済が成長するので、逆に輸入が増えるとのこと。貿易自由化が、経済成長をもたらさなかったという史実や実証結果を示している研究者もいるようだ。

正直、これにはびっくりした。常識の逆ではないか。が、よく考えると経済の素人でも納得できる。なぜなら、いま世界で起こっている現実は、自由貿易体制が伸展した結果、多くの国で格差が広がり、特に経済先進国を中心として、経済が低迷している。日本を見ても給与は下がる一方で、購買力が明らかに低下して来ている。このような状況では貿易が盛んになるわけがない。

なるほど、こちらのほうが常識かもしれない。

さらに中野氏は、自由貿易の限界にも触れており、

「自由貿易の理論はものを交換すると効率がよくなるとか、消費者の効用が上がるといっているだけであり、そのもの自体をどうやって人間が作っていくか、どういう条件があれば生産ができるかという議論がまったくなされていない」

と主張している。

確かに、「TPPで開国を」などといっているが、他人に依存し、よい目に遭《あ》おうというだけともいえる。

外国に買ってもらえるのがない、外国から買いたいものがないときに、どうすればよいかについて答えていないのである。

貿易には、多くのデメリットもある。今、我が国が目指す方向は、外国に依存する自由貿易の推進ではなく、自分で国内に新たな仕事や富を創造する経済政策を推進することだと思う。

五．ガラパゴス化のどこが悪い

●ガラパゴスが日本を救う

マスコミは、日本市場しか見ない企業を「ガラパゴス化」と称し、なにかよくないことのように報道している。ガラパゴス化の経済は弱く、規模の大きな世界市場で競争力のある外国製品に価格、性能で負けてしまうというもので、その例として、携帯電話やスマートフォンがあげられている。しかし、これについても納得がいかない。

一体それで、だれがどう損をしたというのだろうか。しっかり国内市場を押さえ、利益が確保できる適切な価格で売りさえすればよいのだ。むしろガラパゴスだからこそ、日本独自のユニークな製品が生まれるともいえる。

初めから世界市場をターゲットにし、安価一直線の製品開発では、国内工場のコストの面で勝てないと思う。「ガラ軽」とは、日本国内のみの規格である軽自動車のことであるが、この規格で各社が互いに競い合い、その結果生まれた技術が輸出用の自動車の競争力を生み出すという評価もある。

企業自《みずか》らがメリット・デメリットを、十分考慮したうえで選択した道でないか。それを再販制などで保護され、国内市場のみでしか稼《かせ》いでいない典型的なガラパゴス産業のマスコミに、あれこれいう資格はないと思う。

なんでも輸出し、世界市場を制覇《せいは》するのが善ではない。輸出入のバランスこそ重要で、貿易収支の不均衡は決してよいことではない。先に触れた過去の対米黒字が、我が国にもたらした悲惨な現実を見ると、むしろ「悪」ともいえる。

無理矢理押しつけられる農産物以外の、本当に買いたいアメリカからの輸入品が少しはあってもよいのではないか。

むしろ本物のガラパゴス島が、グローバル化による多数の観光客で汚染されているほうが問題で、ガラパゴス化こそがガラパゴス島を守るとは皮肉である。

家電各社の経営悪化の状況を見るに、コモンズの悲劇状態にある世界の市場に、わずかな儲《もう》けを求めて死力を尽くすのはやめてはどうかと思う。無駄な競争をやめ外国がまねできない特異な新技術開発に共同で取り組み、それで国内の市場を確実に押さえ、国内工場での生産を続け、スリム化した持続性のある産業に転換してほしい。

日本人を魅了し、日本を制覇《せいは》した製品やコンテンツでは、世界にも受け入れられることが多い。日本人にしかできない、日本人らしいものを作る。それこそが、世界が日本人に求めている「クールジャパン」ではないだろうか。

日本人が得意とするガラパゴスを捨てたら、日本人でなくなる。

確かに狭い日本のみで、やっていけるのかという不安はある。しかし、日本は決して市場としては小さいわけではないと思う。

日本は人口が減少してくるが、ＧＤＰは引き続き世界第三位であり、四位のドイツは日本の六割程度で大きな差がある。中国は二位であるが、一人当たりでは日本の一〇分の一、しかも白髪三千丈《はくはつさんぜんじょう》の国の統計の話である。すなわち、日本は国内市場規模と需要の質の高さでは、アメリカに次ぐ大市場といえよう。

国内市場規模を念頭にして、採算が合うように開発した製品が、結果的に、世界に通用するレベルに達している例はいくらでもある。

例えば、新幹線やリニアの技術は世界に輸出できるものであるが、決して輸出を念頭に採算を合わせて開発したものではない。国内市場だけでも、これほどの高い技術レベルを達成したのである。

これらの技術開発は、人口の少ない国ではとうてい不可能である。一方、人口が一〇億人いても多くの国民が、最低限の生活レベルにあるような国においても不可能である。経済的にペイする輸送客数（量）と高速移動の必要性（質）の両面での需要が存在するかどうかであろう。

モスクワ勤務時代（一九八五年から一九八八年）に、たびたびストックホルムに出張したが、テレビをつけると外国作品の放送が多く、そのほとんどが吹き替えなしの字幕放送であった。地元番組といえば、視聴者が出演したバラエティーやクイズ番組など制作費が安そうなものばかり。本格的な番組を作るには、あの程度の人口の国では採算が合わないのだろう。

私が知らないだけかもしれないが「ＡＢＢＡ」のスウェーデン語の曲を聞いたことがない。もしそうであれば、悲しいことではないか、日本人歌手の歌を英語でしか歌えないとは…。

そういう意味では、日本という国の市場にはまだまだ可能性があると思う。やれ日本のメーカーは海外進出がサムソンに遅れたとか、韓流大好きのマスコミに煽《あお》られる必要はない。

以前のようにあらゆる分野で、日本の優位が続くわけでもない。国際市場への依存度が高い韓国企業は、常に為替の変動や国際政治情勢の変化に強い影響を受けるというリスクを負っている。

グローバル化とガラパゴス化のいずれにも長所と欠点があるものの、日本はガラパゴス化でもやっていける条件を備えた国といってもよいのではないか。

しかも、ノーベル賞の科学分野の受賞者数も多く、世界一要求の厳しいのが日本人消費者である。

本当の危機は、日本人が日本人らしさを失ったときに来ると思う。

六. 為替が招く不安定性

実際の貿易は物々交換ではなく、通貨によって決済される。だから、異なる国の通貨間の交換レートを決めないと貿易ができないのは理解できる。しかし、その国の経済力が伸びると相対的に通貨高となり、逆に低迷すると、通貨安になる変動制についてはわかったようで正直よくわからない。

今の日本は経済が不振なので円安でよいはずだが、アベノミクスで少し戻ってきたものの円高基調のままである。変動相場制は国際収支の不均衡を調整する役割を果たすというが、実際にはそうなってはいない。

さらにわからないのは、国を超えた広域経済圏のユーロのような単一通貨の為替レートである。しかし、ＥＵにはドイツのような輸出競争力のある国と、ギリシャのようなそうでない国とがある。それぞれの国の実力とは関係なく一律の為替レートとなっている。これでは、ドイツには有利でギリシャには不利な経済条件が課せられていることにならないか。ＥＵを一つの国と見れば、ドイツが都市で、ギリシャが地方であり、日本と同じように都市は発展しても地方は衰退し、Ｅ

U内での地域間格差がどんどん広がるばかりではないか。ヒト・モノ・カネが自由に行き来する経済単位を大きくすること自体に、なにか、地域間格差を拡大する根本的な欠陥があるような気がする。

まったくの思いつきであるが、地域の経済状況に応じた為替レートをきめ細かく設定すればどうなるのだろうか。北海道、東北、関東などの単位で為替レートが決まる仕組みにすれば、地域の経済はよくなるのだろうか。「地方の時代」ということで、道州制推進を公約にする政党が増えたようだが、その際はぜひこれも検討課題にしてもらいたい。

円レートが一九八五年のプラザ合意以前の一ドル二四〇円に戻れば、確実に食料の輸入が減り、第一次産業は復活できると思う。

まだまだわからないことがある。それは貨幣そのものが売り買いされ、投機筋の投売りで一夜にしてその国の経済が崩壊することである。素朴な貿易の知識しか持たない人間には、理解しがたいことだらけである。

ただし、本能的にいえることとは、変動相場制にゆだねられた貿易とは不安定きわまりないもので、これを経済の主軸に据《す》えてはいけないと思う。人間の経済活動で一番重要な指標は、ものの価格であろう。それは人と人との依存関係を数値化したものともいえる。生態系でいえば、食物連鎖の捕食、被捕食関係やその転換比率のようなもの。生態系では異常気象や病気の蔓延《まんえん》などが起こらない限り、その依存関係の変動は安定しており、長い年月をかけて変化していく。経済も同様で国内で生産・消費する依存関係では、それほどの急変はない。

しかし、貿易による依存関係は一夜で大変動する。それは為替レートが簡単に変動するためである。よって、貿易とは内需経済と比較し、人間の安定的な生活を容易に破壊する危険性をはらんでおり、くり返しになるが、これへの依存率を上げることは避けなければならないと思う。

貿易を抑制すべしという主張に対し、自由貿易論者の脅《おど》し文句は、「ブロック経済は戦争への道を開く」である。その証拠として、大恐慌から第二次世界大戦までをあげる。しかし、あれは各国が自分に都合のよいように急に貿易関係を閉ざしたからであり、ブロック経済そのものが悪いわけではないという説もある。むしろ初めからブロック経済であれば、世界恐慌は発生してないか、発生してもその影響は限定的だったという。

地球規模で経済成長が限界に近づきつつある今は、限られた市場を巡る国際間の争いの危険性は高まる。だからこそ、貿易への依存度を低下させることで、そのリスクをあらかじめ低減させておく必要がある…、との説も十分成り立つのではないか。

生き物にも、縄張りがある。それには合理性があり、例えば、効率性ではライオンが一千頭の群れで一万頭のシマウマを追いかけたほうがよいとも考えられるが、シマウマが少なくなったときの共倒れのリスクが大きい。よって縄張りは生活圏をあえて狭くし、その種の存続のために、変動に対する影響を限定的にしている役目を果たす。

経済も「大きいことはよいことだ」とは限らないと思う。

漁師の手

漁師はつらの皮だけでなく、手の皮も厚くないと務まらない。素人が漁労作業の手伝いを始めると、まず筋肉痛は避けられないとしても、苦労するのは手のひらの荒れによる痛みでないか。

定置網漁のときはそうでもなかったが、伊勢エビ漁が始まってからおかしくなった。手のひらが熱を持って赤く腫れ上がり、指先にうっすらと血管が浮き、皮膚の一部がひび割れ、痛みが出てきた。あとでその原因が、網を投網しやすいようにモッコに繰《く》る作業中、沈子側の鉛に擦《す》られていたためだとわかった。その後、皮の手袋をしたが、それでも１ヶ月も経つと破れてしまう。

ところが、漁師の皆さんは平然と素手でやっている。よく見ると、擦り切れやすい部分の皮膚が、黒くなっている。手がヤスリ状になり、なんと鉛のほうが負けて擦り切れているのだ。漁師はすごい。

次に起こる変化は関節が太くなること。力いっぱい、網やロープを握りしめることでそうなる。結婚後漁業を始めたＫさんの奥さんは、指輪が入らなくなっただけでなく、指の関節が真っすぐ伸びに

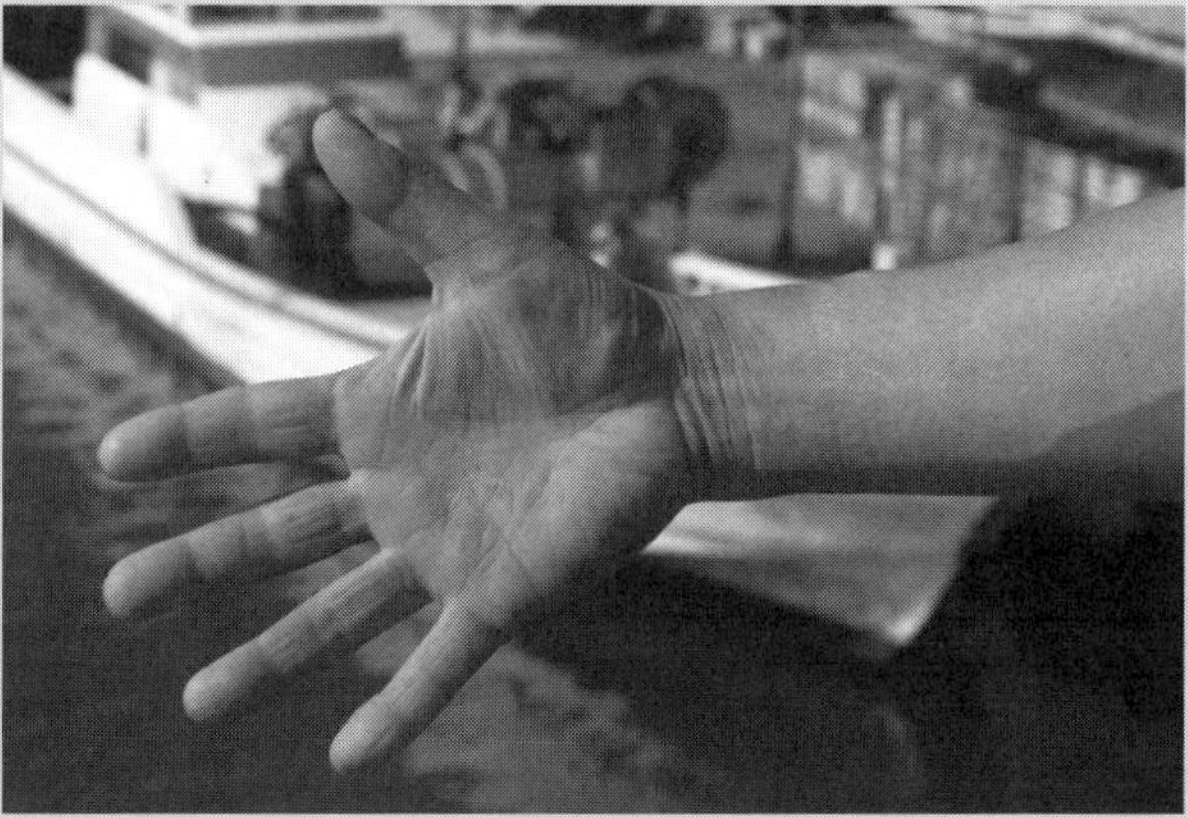

漁師はつらの皮だけでなく手の皮も厚くないと務まらない

体を動かすことで
健康の維持に役立っている

くくなってしまったという。漁師に嫁ぐとは、実に大変なことである。

漁労作業を手伝うようになって、自分の体にいろいろな変化が起こり始めた。同時に、健康診断の結果も改善してきた。パソコンのキーを打ち、口を動かすだけで、頭の中がヤスリ状になっていた役人のときとはだいぶ違う。

「キンさんギンさん」のキンさんは、なんと１００歳になってから筋肉トレーニングを始め、中度の認知症や車いす生活から完璧に回復したという。

H町では８４歳や７９歳の方も３０キロもある網を運び元気に漁に出ているが、この辺に秘訣《ひけつ》があるのかもしれない。漁業現場の厳しさを見ると、労働時間の短縮や省力化は必要と思うが、一見、非効率な漁法でも、資源管理や富の公平分配のほか、体を動かすことで、健康の維持に役立っている面もあると思う。

なんでも効率的なものがよいとは限らない。

第三章　グローバル化には問題が多い

グローバル化は、我が国に経済発展をもたらすはずであったが、現実は、安い労働力を求め工場が国外に移転し、その製品を再び輸入することになり、そのために、国内の製造業の雇用は大幅に減った。これは、貿易の邪道《じゃどう》ともいえよう。

また、多国籍企業は、その圧倒的な競争力で、イナゴのごとく在来種を駆逐《くちく》し、人類の棲み分けも破壊し、脆弱《ぜいじゃく》な単層化した生態系のごとき経済をもたらすなど、多様性の観点から見ても大いに問題がある。

さらに、グローバル化による当然の帰結である「格差拡大」により、世界経済を低迷させ、地域経済をも崩壊させているが、マスコミや政治には、これを阻止《そし》することが期待できない現状にある。

一・グローバル化とは貿易の邪道《じゃどう》ではないか

●グローバル化で国内雇用は確実に減る

小泉内閣が郵政民営化をテーマにして衆議院選挙で圧勝した翌年、二〇〇四年度の「年次経済財政報告」にグローバル化の定義があり、「資本や労働力の国境を越えた移動が活発化するとともに、貿易を通じた商品・サービスの取引や、海外への投資が増大することによって世界における経済的な結びつきが深まることを意味する」とある。

また、「貿易や資本などの移動に対する障害が政策的に取り除かれることによってグローバル化が進展し、それが所得水準を高めることによってさらに経済関係が深まっていったと考えられる。このようにグローバル化は経済発展をもたらす動きである」との効能書きもある。

私自身もこの「所得水準を高める」「経済発展をもたらす」を信じていた一人であるが、現実はむしろ逆の結果となった。

今から考えれば、どうしてこんな簡単な嘘《うそ》に気づかなかったのかと思う。

つまり「資本が国境を越える」とは、次のようなことであった。

日本のある工場の経営者が、日本人を解雇し、中国に安い労働力を求めて工場を移転した。その工場では、日本からの資本と材料と技術指導のもと、まったく同じ製品を作り、日本に輸出し始めた。工場を移転せず日本に残したままの会社は、その輸入品とのコスト競争に負けて倒産し、従業員も解雇された。

日本人の所得が減り、安い輸入品が増えれば、経済が縮小するデフレ不況になるのは当たり前。

一体これのどこが「所得水準を高め、経済発展をもたらす」のか。

だまされたほうが、馬鹿だった。

そもそも、これって貿易といえるのか。

多くの日本人の常識でいえば、日本からの輸出品とは、日本人が日本の資本で、日本の資材と技術により、日本人を雇用し製造したもの。逆に中国からの輸入品といえば、中国人が、中国の資本で、中国の資材と技術により、中国人を雇用し製造したものと通常は思う。

ところが、中国の輸出企業からの輸入品とは、元を正せば、日本人が日本の工場で作り、日本人に売っていたもの。互いに不足するものを補完し合うという貿易の原則から見れば、実態は単に工場の場所が変わっただけであり「日中間の貿易が拡大した」とかは、とても恥ずかしくていえない代物《しろもの》だと思う。

資本が国境を越えるグローバル化とは、貿易の邪道《じゃどう》である。

ところが、二〇一二年度通商白書では、「対外直接投資が国内雇用に影響を及ぼしていない」と、データやアンケートを根拠に説明し、逆に中間財の輸出や海外市場の新規開拓により国内の雇用が伸びる可能性もあるとしている。

グローバル化を推進する立場はわかるが、現実に起こっていることから見て説得力が弱い。

中間財の輸出が伸びるというのなら、日本から完成品を輸出していたときの数量よりも相当多くなければ、金額的に縮小は避けられないし、いずれそれも現地生産となろう。

また、海外市場の新規開拓の可能性は、そのために海外に出て行ったのだから、国内外の合計生産量が増加して当然であるが、その増加分を現地でまかなえず日本国内で作るとすれば、初めから現地に進出する必要性がなかったという自己矛盾を起こしている。

実証的にいえば、まったくそういう例がないとまではいわないが、同白書でも記述しているように、アメリカでは「中国で生産されている米国向け製品のうち、一〇〜三〇%の製造が米国に回帰し、二〇〇〜三〇〇万人の雇用を国内で創出し、失業率を一・五〜二%低下させると予想している」としており、すでにアップルは一部のＭａｃの製造を、現在の中国などから米国に移す計画であることを、明らかにしている。

どう考えても、こちらのほうが常識的で正しいと思う。

また、二〇一二年度の経済財政白書でもアンケートをもとに、多様な形態での海外事業展開を行うほど、「生産性について増加傾向」となる割合が高まり、国内事業のみの企業よりも海外事業活動を行う企業のほうが、「国内の雇用が増加傾向」となる割合が高いとしている。

しかし、これは詭弁《きべん》のように思える。

なぜなら、外国の安い人件費で生産すれば「生産性は高まる」のは当然であり、国内生産のみの企業を倒産させ、その国内シェアーを奪えば「国内の雇用が増加傾向」でも不思議ではないからだ。問題は企業間の比較ではなく、関連企業全体の国内雇用総数が増えたか減ったかである。総務省の二〇一二年一二月の労働力調査では、製造業就業者数が一〇〇〇万人を切り、ピーク時の一六〇〇万人の六割まで落ち込んだとしている。グローバル化とは「ものづくり大国日本」をここまで追いつめており、グローバル化で国内雇用が増加したというのは、まったく説得力がない。

グローバル化とは聞こえがよいが、その動機は新たな製品や付加価値を創造するイノベーションを生み出すためのものではなく、単なる人件費の安さを求めた「抜け道」探しとしかいえない。むしろ「禁じ手」といってもよいかもしれない。

なぜなら人件費が安いほうがよいのはどの経営者も同じ。よって、一人の経営者が中国に工場を移せば、他の経営者も勝負にならないのでみんな出て行くのは必然だ。

こんなことを許していては、どんな産業立国でもいっぺんに衰退してしまう。

少なくとも移転した工場から日本への輸入には、相当の関税をかけなければ、国内に残って日本人の雇用を守っている経営者との間での、公平な競争条件が確保できない。

●U社は罪のほうが大きい

有名な衣料品店U社の社長で、世界長者番付で日本最高位のY氏は、次のようなコメントをしている。

『世界で稼《かせ》ぐには、中国から逃げることはできない。日本経済は成熟し、もはや成長しない。日本は「安定」を目指すという意見もあるが「安定」は「衰退」の前兆。企業の将来がなければ、そこで仕事をしている人の将来もない。稼げる企業なくして、日本人はどうやって食べていくのか。我々は日本の代表として、中国で作って中国で売っている。これは日本の国力が増えることと同じ』

このコメントに対し、多くの日本人は、Y社長は日本のために頑張っていると思うであろうが、逆に、中国に安い労働力を求め、日本の技術を提供し、日本の衰退を早めた張本人という見方もできる。U社のためにどれだけ多くの国内のアパレル企業、衣料品販売店がつぶれ、多くの日本人の職が奪われたであろうか。

もちろん、年収四〇〇万円の名ばかり店長、正規社員比率一〇%、高い離職率などの批判も多いものの、U社でも雇用実態があるのは事実である。しかし、それ以上に何倍もの人々が、仕事を失ったのも事実であろう。

日本人を食べさせるために稼ぎ、日本の国力を増強しているというなら、ぜひ日本人を雇用した工場で製品を作り、中国で売って稼いでいただきたい。

最低限でも、中国で作ったものを日本に輸入しないでほしい。

確かに、消費者の視点のみで考えれば「安くてよい製品」であることは認めざるを得ない。下着などは、ほとんど中国製で日本製など見たことがない。もちろん、私の下着も中国製である。

これでは日本人の急所を、中国人に握られているようなもので落ち着かない。

中国の経済発展が我が国を脅《おびや》かす軍事力強化につながった点も含めた視点で見れば、その製品を買った私にいう資格はないが、日本に対する「罪」のほうが大きいと思う。

Y社長は、外国産の自社商品を買う日本人の客に給与を払っている国内企業の社長のほうが、何倍も日本に貢献していることに気づいていないのであろうか。

●課税を逃れる多国籍企業

仮に、日本企業の海外移転を禁止したらどうなるか。企業は国内での雇用を前提とした体制下で、品質向上とコストの削減で生き残りにかけ努力するしかない。一方、経済新興国は、かつての日本がそうであったように、自ら資本を蓄積し技術も金で外国から買っていかざるを得ない。いずれ経済新興国に追いつかれるとしても、その変化は緩慢《かんまん》で急激な変化を避けることができる。

ところが、グローバル化となると企業が自国の雇用を捨てて自由に移転することになり、企業（役員、資本家）は生き残れても、従業員は生き残れない。

また、生き残れないのは政府も同じ。海外での儲《もう》けに法人税をかけようにも、相手国との二重課税排除との関係で、残りの税率分しかかけられない。それどころか、多国籍企業であることを利用し、課税逃れのような動きもある。

アメリカのアップル社は二〇一二年九月までの一年間に、海外で総額三六八億ドル（約二兆九四八四億円）の利益があったが、納めた法人税は七億一三〇〇万ドル（約五七一億円）、税率にしてわずか一・九％しかなかったことが、米証券取引委員会（SEC）に提出した年次報告書で明らかになったとある。

米上院は行政監察小委員会の公聴会に同社のティム・クック最高経営責任者（CEO）を呼んだが、「課された税金は一ドルまで、すべて払っている。税制のからくりに頼っていない」と述べ、課税逃れの意図はないと反論したという。

企業とは役員や資本家のものだけではなく、国民が安定して生きていくための糧《かて》を生む公器である。それを自分の儲《もう》けのために国民を捨てて、国を出て行って、しかも自国への課税からも逃れるのでは、あきれてものがいえない。これが多国籍企業の実態とすれば、強欲《ごうよく》もここにきわまれりである。

二、多様性を否定するグローバル化

●いずれ死滅する運命のイナゴ経済

ヒト、モノ、カネが国境を越え自由に行き来するグローバル化の世界は、多様性の観点からしても大いに問題がある。多国籍企業は、グローバル化の寵児《ちょうじ》であるが、全国各地の湖沼で異常繁殖し大問題となっているブラックバス（外来種）にそっくりである。外来種は、新天地に天敵がおらず、餌が豊富なことをよいことに、圧倒的な競争力で在来種を駆逐《くちく》する。

経済活動も「人間と人間」または「人間と自然」との間のやりとりである以上、生態系の原則から離れられない。とすれば、

グローバル化は、経済の多様性を極端に単純化させる「反生態学的経済システム」といえる。グローバル化は、「弱肉強食の世界」と称されることもある。

これには、ライオンが怒る。自分は適度に草食動物を間引くことで、依存し依存される生態系の相互関係を守っている。

たとえるならイナゴにしてくれと・・・。

イナゴは突如として大発生し、あらゆるものを食べ尽くす。決して同じ場所に定住できない。常に競争力のある低賃金国を求めて、工場移転をくり返す多国籍企業に似ている。哀れなのはイナゴに生態系を荒らされ、移動できずに残された在来種である。しかし、そのイナゴもいずれ餌の再生産が続かず死滅する運命にある。

グローバル化は、今後「イナゴ経済」とネーミングするようにお薦《すす》めしたい。

生態系の中では、効率性と安定性は両立できない。

よって、豊かな生態系は、その安定を図るために特定種のみが卓越しないように、複雑な依存関

係を作り出す。また、外来種などが異常発生したときには、餌生物の減少とともに天敵を作り出し、再び多様な種による生態系を再構築する。しかし、グローバル化はまったくの逆で、不断の競争を通じ最《もっと》も効率的な企業のみが生き残る単相化した世界を理想としている。

経済と生態系は別物と反論されそうだが、ぜひ自由貿易促進会議を、生物多様性条約会議と同じ会場で開催してみるとよい。その間違いに気づくだろう。

●人類の退化現象

我が国の著名な生態学者である今西錦司氏の「棲《す》み分け理論」からいえば「グローバル化は人類の退化現象」となる。

その理論は、渓流に棲《す》むカゲロウ類の幼虫が同じ種であるのに、微妙に棲み分けして、棲む環境が異なるごとに形態も異なっていることの観察事例などをもとにした一種の進化論である。「棲み分け理論」には、学会でも賛否両論があるようだが、私としてはインターネット（ウィキペディア『今西錦司』の「学説と影響」）にあった、以下の解釈に最も共感した。

「今西説」によると生理・生態がよく似た個体同士は、生活史において競争と協調の動的平衡が生じる。この動的平衡状態の中で組織化されたものが実体としての種であり、今西が提唱する種社会である。種社会は様々な契機によって分裂し、別の種社会を形成するようになる。分裂した種社会はそれぞれ「棲み分け」ることによって、可能ならば競争を避けつつ、適切な環境に移動することができたとき、生物個体と種社会はそれぞれ自己完結型・自立的な働きを示す。その結果生じる生理・生態・形態の変化が進化であるとした。従って進化とは棲《す》み分けの密度化という方向性があるという。

この解釈からグローバル化する世界経済を見ると、人類がそれぞれの地域ごとの自然や社会の特性に適応し、発展してきた経済システムと生活様式を、世界共通の価値観での市場取引を通じ、同じ経済や生活様式に収斂《しゅうれん》させようとするものとなる。

しかし、同じ生き方をする人類が増えれば増えるほど、必要とするエネルギーや食料、鉱物資源も重複し、それを巡る競争が激化する。自給可能なコメと魚を中心とした日本型食生活から、肉とパンの欧米型食生活に移行することも食料を巡る棲み分けからの逆行である。

同じ種の生物でも発育のステージを異ならせることで、そのときに必要な生活の場を棲み分けることができ、別々の生活を成り立たせることができるという。

これから類推すれば、先進国と新興国（この場合はあえて「後進国」といったほうがより適切かもしれない）との間で経済の発展段階が異なることから、人類が棲み分けできていたことになる。

後進国は決して、遅れているのでも、劣っているのでもない。

世界の国々の経済の発展段階や生活様式が異なるからこそ、地球上の人類ができるだけ争わず生きていけるための必要な棲み分けの英知の結果といえる。それをヒト・モノ・カネが国境を自由に越えるグローバル化で破壊しようとしている。「進化とは棲《す》み分け」という言葉から見れば「グローバル化とは退化」でしかない。

これは日本国内でもいえることかもしれない。

最近できた県庁所在地の表玄関となるＪＲの駅ビルもみんな同じような作りで、テナントまで同じである。私の故郷の大分駅も、昔の懐かしい駅舎や個性ある地元食堂もなくなり、帰省の楽しさも半減した。スーパーの品揃えも同じ。自信を持って地域に徹することを止めた日本全国「金太郎飴《あめ》化」の現象は、退化の一種でなかろうか。

上記の「競争を避けつつ、自己完結型・自立的な動きを示す。その結果生じる変化が進化である」に基づけば、「地方の時代」とは無意識のうちに人類の退化に危機感を感じた日本人の「棲み分け」への回帰願望ではないだろうか。

なお、棲み分け理論を極端に解釈し、世界の国との関係を絶ち、孤立した国が最《もっと》も進化している国か･･･、の質問が想定されるが、それは違うと思う。むしろ自分を取り巻く周辺環境の変動を常に把握し、そこに避けがたい競争の存在を認識しているからこそ、自分にとって可能な限り、競争を避ける最適な新たな棲み分けの方向に進んでいけると思う。

ことわざにある「和して同ぜず」が、これに近いものではないだろうか。

その意味は「人とは協調するが、道理にはずれたことや、主体性を失うようなことはしない」である。一方、「小人は同じて和せず」もあり、「つまらない人物はたやすく同調するが、心から親しくなることはない」の意味である。道理にはずれた新自由主義の権化《ごんげ》のようなＴＰＰに、主体性を失い、たやすく同調しようとしているどこかの国は大丈夫であろうか。

●単層化経済の脆弱《ぜいじゃく》性

新自由主義者は、自由貿易や規制緩和こそ、だれもが参加できる開かれた経済体制であり、そこに「大きな可能性あり」と人々をその気にさせる。

本当にそうであろうか。

今は、どの産業分野でも昔のように四畳半の町工場から、大会社の社長が出てくるような、やわな時代ではない。徹底した知識の集約と豊富な財力を持った企業が、あらゆる新規分野に眼を光らせ、隙《すき》あらば一気に進出や買収を行う時代である。例外は一部にあるが、だれもが参加できる開かれたチャンスにあふれた社会などはお題目だけで、実際には資金と情報をはじめ多くの参入障壁が存在し、個人のやる気だけでは企業を興せる状況にはない。

新たな産業分野の創生期には、松下幸之助やビル・ゲイツも出現できたが、成長の限界に差しかかった現代で、そのような成功事例が出て来ることは期待しにくくなっていると思う。

生態系でいえば、ほぼ極相に近い状況の森林地帯ともいえる。

大きな木（多国籍企業）に太陽が遮《さえぎ》られ、そのもとでは細々とした夜行性に近い雑木のような零細企業がパラパラと生きているだけで、大木になるチャンスはほとんどない。
　ではなぜ昔の里山ではそうならず、いつも明るく多様性のある森林を維持できたのか。それは常に人間が手を加え、例えば、大きく育った木を適宜伐採《てきぎばっさい》し、薪《まき》にしたり、三〇年に一度雑木林などを一斉に伐採し、炭焼き業者に売却したりするなど、常に植物の好き勝手にはさせず、極相に至らないようにしているからである。
　人間の手が入らず放置された自然が、最高の状況にあると思い込んでいるのは、カルトがかった自然保護主義者の特徴であるが、なんの制限もない、まったくやりっ放しの、
　自由貿易や規制撤廃も無条件によいとする新自由主義者もカルトと呼べる。
　生態系は、そこに棲《す》む生物の生息環境を規定する気候、地形などに応じて多様な発展を遂げてきた。貿易も経済も同様に、それぞれの国の民族・歴史・文化・科学技術などの差に応じ多様性と活力を維持して来た。
　ところが、自由貿易は、地球上のそれぞれ異なる気候、地形に適応した生物層を、ある特定生物にとって、最《もっと》も都合のよいように統一しようとするものである。
　それは多国籍企業という特定種に都合のよい世界であろうが、それぞれ異なる環境下で生きていた圧倒的多数の人類の幸せには決してつながらない。そのような、
　単相化した生態系はいったんなにかあると、全滅の危機をもたらすものであり、
　同様な理由から、単相化した経済体制も、絶対的に回避すべきである。

例えば、ある朝起きたら地球の裏側の国で財政に粉飾が見つかり、破綻《はたん》状態にあることが明らかになった。その不良債権がらみで世界中の金融機関に影響が及び、新規融資の停止や貸しはがしが起こり、それに関連した企業が倒産。その結果、株式市場も大暴落し社会的混乱が起きた。戦争が起こったわけでもないのに、大災害が発生したわけでもないのに、ある日突然会社が倒産し路頭に迷う。ある国の出来事が、世界中の企業や生産活動を危険きわまりない状況に至らしめる。

このようなグローバル化という効率性を求めて安定性を犠牲にした脆弱《ぜいじゃく》な経済システムが、本当に人間に幸せをもたらすものか正直納得しがたい。

むしろ、そのようなリスクを抑制できてこそ、世界経済の発展と安定が期待されると思う。今のグローバル化では、将来にわたり世界を安定させることはできない。

●縄張りで身を守ろう

ところで、我々がグローバル化という外来種に襲来《しゅうらい》されそうになったときにだれが守ってくれるのか。

それこそが、縄張り（国境措置）である。

日本は鎖国しているわけではないので、国内の生態系（社会経済体制）のバランスを壊されない範囲内で取り入れればよい。国際分業も聞こえはよいが、国際政治、為替レートなどの平穏無事を前提としたハイリスク・ハイリターンの危ない話である。

グローバル化は、国境を事実上撤廃するようなものであることから、いったんことあると、一つの国ではまったく無力で、世界中の政府がよってたかってもコントロールできるかできないかのような大惨事を引き起こす。先の原子力発電所の事故以来、もう日本人は「絶対安全」を信じない。起こり得るリスクはすべて起こるとして考え備える必要がある。

よって、「平成の開国」なるもので起こり得るすべてのリスクにどう対応するのかを、明確にして国民の判断を仰《あお》ぐべきだ。

そんなリスクまで考えたら「原発は設計できない」といった原子力学者のように思考停止になってはならない。

冗談ではなく「主食の米が経済新興国に買い負けし輸入できなくなったら、日本国民には、輸出用の高級リンゴを食べて生き残っていただきます」も、十分起こり得るリスクである。

TPP推進者は、正直に国民にその本性を提示していただきたい。「TPPは、経済の原発」のようなものであると…。

「国を開く」とは、原発近くの家に窓を取り払えというようなもの。「高いレベルの経済連携の推進」とは、高いレベルの放射性物質の搬入のようなもの。これではグローバル化が引き起こす大惨事を、ますます防ぎようがなくなる。

貿易障壁の全面撤廃を原則とするTPPとは、ライオンに縄張りを放棄せよというようなもので、国の存続そのものにかかわる大問題である。

三、格差拡大はグローバル化の当然の帰結

●格差拡大の現実

一〇〇万ドル以上の投資可能資産（自宅や美術品を除く）を保有する富裕層の動向に関する二〇一一年の調査結果がある。それによると、

・北米約三万九〇〇〇人減、計三三五万人、資産額一一兆四〇〇〇億ドル
・アジア太平洋地域一・六％増、計三三七万人、資産額一〇兆七〇〇〇億ドル（うち日本四・八％増、約一八〇万人）
・欧州一・一％増、計三二〇万人、資産額一・一％減の一〇兆一〇〇〇億ドル

となっている。

約一〇〇〇万人（世界の人口の〇・一五％）が三〇兆ドル以上（約三〇〇〇兆円）の投資可能資産を有しているのには驚く。

特に矛盾を感じるのは欧州の債務危機や、長期不況、東日本大震災、福島原発事故、電機メーカーの苦境などがあった二〇一一年の日本でも、富裕層が増えていることである。我が国は冷戦終結以

降約二〇年間、アメリカ発の新自由主義の流れに従い、一貫して市場開放、貿易自由化を行ってきた。その間の推移結果の概要は、以下のとおり（カッコ内の数値は、それぞれ基準年が異なる）。

・GDPは低成長またはマイナス成長
・企業は利益を増やし（二〇兆円）、賃金は下がる（二〇兆円）
・上場企業製造業の配当総額は急増（約一・三兆円から約三・七兆円に）
・企業の内部留保は倍増（一二五兆円から二五〇兆円に）
・サラリーマンの平均年収は減少（四六七万円から四〇九万円に）
・失業率が悪化（二％から四％に）
・格差が拡大（ジニ係数が一九八四年〇・二五二から一九九九年〇・二七三に）
・生活保護世帯が過去最高（二一六万世帯）
・生活意識調査で生活が「大変苦しい」「やや苦しい」が増加、「普通」が減少

さらに、TPP推進者が理想とするヒト、モノ、カネが国境を越え自由に移動するEUでも、ギリシャ、スペイン、キプロスなどの債務問題で経済が混乱している。

アメリカでもリーマンショック以降、経済が混乱し、ウォール街でのデモのスローガンのように、一％の金持ちのために、九九％が辛酸をなめる結果を生んでいる。その格差は、上位一％の金持ちが、国中の富の三分の一以上保有し、その額は下位九〇％世帯の資産より大きいとのことである。

●格差拡大は当然の帰結

これらの事実は、新自由主義経済やグローバル化がもたらした結果であることは明確である。その理由は、

第一点目は、新自由主義が格差拡大を是認していることである。

新自由主義は、それまでのケインズ主義的福祉国家は、全体主義につながるとして批判し、個人の自由と尊厳を守るために、私的所有、法の支配、自由市場、自由貿易といった経済的自由が必要であり、具体的な施策として規制緩和、福祉削減、緊縮財政、労働者に対する自己責任などを打ち出している。

わかりやすくいうと、金持ちにとって「気兼ねなく儲《もう》けさせてもらえる」制度といえる。

新自由主義は、冷戦終結後に広まった思想であるが、資本主義と社会主義のいずれが国民を幸せにできるかを、東西間で競う必要がなくなったという政治的背景が、後押ししたこともある。

このため、新自由主義の思想のもと推進された、グローバル化や国内での労働者派遣法や解雇規制の緩和などの経済改革で、格差が拡大するのは当然の帰結である。

第二点目は、経営者が利益を維持できても、労働賃金は低いほうに収斂《しゅうれん》していくこと。

特に、日本のような経済先進国は賃金が高く、海外の安い賃金を求めて移転した工場とのコスト競争が始まると、国内の賃金を下げてでも対応せざるを得ない。

さらに、国内の経済が低迷しているにもかかわらず、企業は儲けた金を国内で使わず対外直接投資に向けることが多く、仕事が減ることがあっても新たに増えることもない。

一方、資本家はどこの国であろうと移転した工場からの利益を得ることができる。

これでは、国内における資本家と労働者との間の格差が拡大するのは当然の帰結である。

第三点目は、規制撤廃で、強者に有利なルールとなるためである。

グローバル化は、国を超えてヒト・モノ・カネの移動障壁をなくす･･･、ボクシングでいえば、体重別階級制をなくし、フリーウェイト制へのルールに移行するようなもの。

その結果、少数の重量級に相当する多国籍企業の一人勝ちになり、多くの中軽量級の国内企業がつぶれることから、格差が生じるのは当然の帰結である。経済先進国の一部企業が所有する遺伝子組み換え作物などを自由貿易の対象にすれば、途上国の農業など一発でノックアウトされてしまうであろう。

●歴史は戻りつつある

さすがに今は少なくなったが、小泉内閣時代には、「格差が拡大して何が悪い」「格差はいずれの時代にもあった」「金持ちに対するねたみ、そねみ」という開き直りともいえる反論があった。

もちろん、金持ちが増えること自体は悪くない。結構なことかもしれない。

しかし、多くの人間が、貧乏になる見返りの金持ちではいけない。

金が偏在すると、その使い道も悪くなる。所得が一〇〇倍あっても、金持ちは車やテレビを一〇〇台は買わないため、雇用を支える実体経済は潤わず、需要が落ち込む。

さらに悪いことに、その金の多くはマネーゲーム的な金融投資に回るから、金融危機を起こしその対策で財政悪化が進み増税となり、いっそう需要を落ち込ませる。

グローバル化の宿命ともいえる格差の拡大が、世界各国の経済を低迷させ、いずれ貿易そのものも低迷させる。

だから、そのような金持ちはよくないのである。

アメリカの政治経済学者フランシス・フクヤマは、ソ連の崩壊で民主主義・自由経済が勝利を収め、「歴史の終わり」といった。しかし、とてつもない格差が拡大し続けている現状は、王と貴族に富が集中し、国民は奴隷のような状態であったヨーロッパの中世封建時代に近いのではないか。いわゆるブラック企業の、想像を絶する過酷な労働実態は、まさに現在の奴隷《どれい》そのものである。生活保護者数も、戦後の混乱期を上回った。

歴史は終わったのではなく「戻りつつある」というのが、正しいのではないか。

四．地域や国内での相互依存関係を崩壊させる自由貿易・グローバル化

高いものを売って儲《もう》けていても、みんなが同じものを作り始め競争になれば、安い価格にせざる

を得なくなる。

安い給与で利益を上げていても、ほかに給与の高いところが出てくれば、給与を上げざるを得なくなる。

経済の仕組みでは、需要と価格、雇用と給与など、相反する要因がどちらかのみに偏らず、均衡点付近に収斂《しゅうれん》すると教科書に書いてある。しかし、それは利害の相反する者が同じ土俵上にいて、生態系でいえば、捕食・被捕食の関係にある動物が同じ地理的な範囲内におり、対立関係もあるが、同時に依存関係もある閉鎖系にいることが前提である。

ところが、

「そんなに安い給料では明日から来ないよ」と従業員（同時に消費者）がいっても、社長（生産者）が「いいよ、外国で雇うから」となったり、

「そんなに安くては売れないよ」と漁師（生産者）がいっても、消費者が「いいよ、外国から買うから」となれば、
生産と消費の相互依存関係が切れ、生産者または消費者のいずれかの一人勝ちとなる。

自由貿易・グローバル化が進展すると、労賃の安い外国への工場移転や、外国で生産された安い食料の輸入が促進され、自国の労働者や農業、漁業生産者に対する依存度が低下する。

さらに、その先の均衡点も存在せず、依存されない者はただ消滅するのみとなる可能性さえある。

もちろん、世界を一つの単位として見れば、どこかで均衡点に達するであろう。

例えば、世界のどこか給与水準が低い所で雇用が増える…、世界のどこか生産コストの安い所で工場や農場が増える。

しかし、多くの日本人にとって働き、暮らすための日々の行動範囲は、せいぜい半径二〇キロといえる。その範囲内で働きお金を稼ぎ、生活のためにものを買う。

地球のどこかでその分豊かになっているので「均衡しています」ではまったく意味がない。

例えば、ＴＰＰで、外国人が労働者として自由に国境を越え行き来できる時代が来たと想定しよう。明日から自分の職場に、人件費が日本人の半分でも大喜びの外国人が来ると、当然日本人の給与も低下し始める。

新自由主義論者の理屈では、その分、外国人の家族は本国で豊かになるので均衡しています、となろうが、それでは困る。その豊かになった外国人家族の需要増大により日本製品の輸出が増加し、恩恵が日本にも及ぼされるはずとでもいうのだろうか。しかし、その需要を満たす工場も、当然最《もっと》もコストの安い国に移転済みであり、国内で雇用されるしかない日本人に、どうやって恩恵が及ぶのかまったく理解できない。

個々の国民にとって、経済発展のおかげで生活がよくなったかどうかの評価は、政府の発表する統計上のグロス値や平均値の話ではないと思う。本来は、その人間が居住し、所得を得るための地理的範囲内（通勤圏内）で、その受益性が評価されるものであろう。

例えば、過去において集団就職の人々が故郷を離れ、出稼《かせ》ぎの人々が家族と離れ、その労働先でいくらよい給与を得たとしても、それが経済発展による国民生活の真の向上の姿であったかどうかは疑わしい。

そうはいっても、高度経済成長期において、日本人の所得は、確かに増えた。よって、百歩譲ったとしても、せいぜい税金で富の再分配ができる国内（東京がいくら景気がよくても田舎はさびれる一方の現実はある…）が、経済発展の効果を評価単位として許容できる範囲である。

それ以上の単位でどういう状況にあるかなど、実質なんの意味も持たない。

「日本人は積極的に世界に打って出よ」などは一部のグローバル企業の関係者がいうことであり、圧倒的多数の日本人に幸せをもたらす経済の単位ではない。

極端にいえば「地域で依存し合い地域で栄える」ことを優先すべきであり、今我が国が問われている課題は、これまでの延長線上にあるグローバル化か、それとも地域か、の選択と考えればよい。坂本龍馬の名言を借りれば、「日本を今一度、洗濯（選択）いたし申候《もうしそうろう》」である。

経済のバランスはその単位が、相互依存関係を超えた広範囲になると、地域に住む人間にとって教科書にある均衡点に収斂《しゅうれん》できないと考えるべきである。

地域にとってのグローバル化とは、給与やものが高くなるとか、安くなるとかのレベルの話ではなく、その地域で生きていけず、消滅するしかなくなる…、まさに生存に関わる死活問題である。

都会に住む強欲《ごうよく》者のさらなる強欲追求のために、今以上地方を疲弊《ひへい》させることはもう犯罪といってもよい。「地方の時代」といいながら、同時に「ＴＰＰの推進」を掲げる政党がいるが、その自己矛盾に気がつかないのはまったくもって理解できない。

五．一体どうした⁉　マスコミのＴＰＰ報道の怪

●マスコミ対インターネット空間

ＴＰＰに関する新聞などの報道で、奇異に感じたことがある。いきなり全報道の論調が、「平成の開国へ」「世界の孤児になるな」で一致したことである。本来なら「情報不足の中では慎重に」「メリットとデメリットを比較すれば」から開始してもよいはずだ。

本来のマスコミの使命は、国民に判断する材料を提供することであろう。

ところが、いきなり社説で「バスに乗り遅れるな」「農業は甘えるな」と来た。

しかも、賛成の理由はすべて情緒的なキャッチフレーズで、反対者のいう論理的な疑問に比較し中身が薄い。

なにかおかしい。

いつから報道機関は、経済界の広報誌になったのであろうか。ＣＭのスポンサー企業に逆らえないだけという単純な理由かもしれないが、受信料という名の庶民から集めた税金収入で社員の平均年収一二〇〇万円（これはサラリーマンの平均年収の約三倍。ただし、民放よりは低いらしい）の

ＮＨＫまでが同じ論調であるのは理解できない。

今はインターネットで、多くの専門家のサイトが公開され、だれでも参加可能の討論の場も存在する。昔では考えられなかったことであるが、マスコミに対し高度かつ多方面からの疑義が投げかけられ、中にはどう見ても専門家や投稿者の見識のほうが公平で、見事にマスコミの偏向を指摘しているものもある。

また、マスコミによる緊急世論調査の結果も、そのサイトではまるっきり逆のこともある。マスコミは、自《みずか》らの世論調査が正しいものであり、それと一致しないものについては、特定集団による投稿操作や「ネットお宅」による偏った意見などと切り捨てるが、そうともいえない。

記者も優秀であろうが、彼らの知識と取材力程度では、とうてい太刀《たち》打ちできない幅広い視点と高度な知識を有する専門家が参加した論争が、インターネットの空間で展開され始めている。世論調査の結果が報道されると、リアルタイムで議論が始まり、何割の人が賛成か反対かという結果以上に、それに疑義を示す一人の投稿による分析のほうが説得力を持つ場合もある。

マスコミにとって、まさに恐ろしい時代が来たといえる。

近年、新聞やテレビは、表面上の出来事を速報する意味しか持たず、何の専門家かもわからない論説委員やコメンテーターの解説よりも、その記事をもとにしたインターネットの専門家の意見や掲示板の書込みのほうが、出来事の背景や真実を多面的に見きわめ、理解を深めるのに大いに役立つこともある。マスコミよ、一体どうしたのだ!?　大丈夫か。このように感じるのは私だけであろうか。

●身の回りから遡《さかのぼ》った思考法を

どこかのアンケートでマスコミと役所のどちらが信用できないかの質問に、なんとマスコミのほうが信用できない人が多数を占めたとあった。

なぜマスコミが「ますゴミ」扱いされるようになったのか。

これは、決して国民にとって幸せなことではない。国民は何よりも新聞、テレビから最《もっと》も多くの情報を得る。それが信用できないとなると、判断の材料がなくなる。しかも困ったことに、自分で真実を探そうとすれば、逆に情報量が多すぎて、それも日々更新される。玉石混淆《ぎょくせきこんこう》でどれが真実か自分で探すのも簡単ではない。

そこで、国民には大きな視点の転換が必要になると思う。それは、国民が報道を受け身で判断するのではなく、自分から真実を見い出す方法をとることである。

外部情報から結論を出すのではなく、マスコミや他人がいうことの逆が真実ではないかなど、自分の頭の中で自問自答し、大まかな考え方や疑問点をまとめる。そして自分の考え方が正しいかどうかチェックするために、外部に情報を求めるという「逆流」または「遡り的」思考、検索である。

例えば、ＴＰＰで給料が上がるのか下がるのか、医療や福祉など生活環境はどう変わるのか、遺伝子組み換え作物の表示はなくなるのか、社会の治安はどうなるのかなど、自分の身近なことで一〇〇項目の質問書を作り、一つ一つチェックする。

それは、TPPに関する賛成・反対の論文を一〇〇編読むより、身に付いた理解に役立つと思う。世界経済も我が国経済も大変な状況にある中、今後どうすればよいかについて他人のいう抽象論ではなく、自分が理解できる身近なことで、しっかり判断することが大切だと思う。

そうすれば、マスコミの「世論調査では賛成多数」などの誘導策にもかかわらず、自《おの》ずと結論は見えてくる。一時流行《はや》った金融工学派生商品などに惑わされず、リーマンショックにあっても堅実に収益を上げたアメリカの投資家がそのコツを聞かれ、

「自分に理解できないものには手を出さない」

と答えたという。

流行に迎合し、人のいいなりでは、その人が「あれは間違いでした」といえば終わりである。しかし、自分でも身近なことに照らし考えていれば、「いや、あれは間違いではない」と決してぶれることはない。

TPPの本質を見抜くのも、そのような素朴な自分の感覚を信じる人であると思う。

六．既存の政党ではグローバル化を阻止《そし》することはできないのか

二〇一二年一二月の総選挙で自民党が政権に復帰し、選挙公約では慎重論で臨んでいたTPP

について、手のひらを返すように、交渉参加を表明した。デフレ脱却をねらうアベノミクスを推進する一方で、デフレの元凶である自由貿易の究極版ともいえるＴＰＰに参加しようとするのでは、支離滅裂《しりめつれつ》でわけがわからない。

民主党もそうであったが、どうして日本の政党は、与党になると野党のときとこうも違うのか。これだけ「公約破り」のオンパレードが続けば、何回選挙をやっても意味がない。

ただし、安倍政権は、「公約は守る」「日本にとって都合が悪くなったら撤退する」とのこと。国の根幹に関わるＴＰＰについては、

「絶対やる、絶対やらない」の選択肢しかない。

「ぬるければ入るが、熱ければ出る」は選択肢でなくごまかし。

ぼったくりバーに「高かったら途中で帰る」といって無事に帰れたお客はいない。入り口に「聖域なき関税撤廃店」と書いてあるのに、ぽん引きに「例外があるかも」とささやかれ、それを信じて入るお客と同じ。入った途端、ぽん引きが、怖いお兄さんの本性を現し、「いいとこ取りの身勝手は許さん。そんなことで世界と共に生きていく日本といえるか」などと脅《おど》されお仕舞い。

参加しない選択より途中撤退の選択のほうが、何倍もの外交力と批判を覚悟しなければならない。交渉参加国から集中砲火を浴び、日本への信用を失いかねない中で、途中撤退など本当にできるのか。

できるわけがない。

そこがわかった政権であれば、もともと参加表明はしていない。

国内のマスコミも「交渉に遅刻したうえに早引きするような、みっともないことができるか」「国際連盟脱退と同じ愚をくり返すな」「世界の孤児へ」などと、経済界への大々的な応援キャンペーンを張るであろう。

参加の決断は、途中撤退があり得ないことを重々承知のうえでのこと、と思わざるを得ない。後で「騙《だま》したな！」と怒る農林水産業や医療などの関係団体には、いつもの常套句《じょうとうく》「交渉は相手のあることなので」のいい訳をする。それでも収まらないなら「途中での撤退は、日米間の同盟に深刻な影響を与え、現下の中国、北朝鮮の脅威を考えれば適当でない」のだれもが黙らざるを得ない殺し文句で終わり。

今から結末は見え見えである。

にもかかわらず「途中撤退論」を信用するのであれば、もう騙されたほうが悪いとしかいえない。

ＴＰＰ交渉参加表明は、実質上加盟が決定的となったのも同然。残された可能性といえば、国会での批准《ひじゅん》を否決するのみであろうが、これも期待薄。もう、既存の政党ではグローバル化に抗し、地方と農林水産業の衰退を防ぎ、一般国民の生活を守ることは不可能なのであろうか。

国の根幹を左右するＴＰＰに、政府は「ごまかし」、国民は「よくわからん、どーにでもなれ」状態で臨んでは絶対後悔する。

取り返しがつかなくなる前に、なんとかしなければならない。

机下《きか》の空論

熊野に来て最初の手伝いは小型定置（つぼ網）から始まった。そのときの印象は、漁労作業とはロープを「結び・ほどく」に尽きる、であった。小型でも、週に一度の網替えで約７０カ所、日々の揚網でも２０カ所以上で結び・ほどくをくり返す。素人結びでもロープは結べるが、それでは強い力が加わるとほどけなくなり、包丁で切らざるを得なくなる。結び方のポイントは、結ぶスピードとほどきやすさである。

私はまず基本中の基本、船を岸壁の鉄の輪につなぐ「舫《もやい》結び」から覚えることにした。お手本を見せてもらったが目にもとまらぬ早さで一瞬で結ばれる。何度やってもらっても、目がついて行けない。手品師の技を見ているようだ。コツを聞くと「流れるように」で、これでは初心者にはコツにならない。そこで机の脚を相手に、練習用のロープがボロボロになるくらいまでくり返し、目をつぶっても結べるようになった。

いよいよ実践となったら、どうしたことかうまくいかない。Ｋさ

熊野に来て最初の手伝いは「つぼ網」から始まった

「舫《もやい》結び」は縄文人でもできていた

んと奥さんはハラハラしながら私の手元を見ている。もたもたしていると船が離れ始めた。これはまずいと、エイヤーと結んだ。チェックしてもらうと「舫結びではない」。３回に一度成功するかどうかが続くうちに、奥さんから「もうそろそろでは」といわれ、舫結びは縄文人でもできていたことを知らされ、ますます自信喪失に。漁師でなく役人でよかったと、密かに思い始めたそのころである。Kさんの甥御《おいご》さんから、机の脚に手前からロープを回し練習しても、実際は海のほうからロープが来る「向きが違う」と一言。これで開眼した。

自分を中心にやりやすいようにやり、ロープの身になっていなかった。実践ではスピードが要求されるし、ロープの太さや結ぶ場所の形状がそれぞれ違う。あの練習は「机下《きか》の空論」であった。わかれば簡単なことであるが、行政官のころにも役所の視点から漁業現場に対応するという同じようなことをやっていたのかもしれない。あのアドバイスはまことに含蓄があった。

第四章　日本型漁業に見る衰退期の生き残り戦略

資源変動による危機に何度も見舞われてきた我が国漁業の、衰退期の生き残り戦略の智慧《ちえ》を体系化したものが「資源管理型漁業」である。それは、ノーベル経済学賞を受賞した学者が示した「コモンズの悲劇」の最《もっと》も有効な解決策である第三の道と同じである。

資源管理型漁業の方法とは、限られた資源のもと、コストの削減と付加価値の向上を目的とし、地域の漁業者全体での話合いを通じた自主的な管理により、最も効率的な操業体制に移行するものである。これは、資源の衰退期において、一人でも多くの漁業者が、脱落することなく生きていけるようにするためのものである。

時々の資源状況に応じ、競争と共生を使い分けて、生き残りを図る手法は、日本漁業の伝統である共同体管理ゆえに可能であり、排除の論理で成り立つ競争主義のもとではできないとされている。

一．資源管理型漁業とは

衰退期に入った産業には、漁業は参考になるかもしれない。

我が国では、すでに江戸時代には現行の漁法がほぼ出そろい、網元資本による商業的な漁業が活発に行われていた。それ以来、漁村社会は何度も資源変動による危機に見舞われつつも生き延びてきた。

その衰退期の生き残りの智慧《ちえ》は、今も全国津々浦々に引き継がれている。

これを研究者が徹底した現地調査のうえ、付加価値を構成する量、質、コストの三要素から分析し、再び連結したシミュレーションモデルとして理論・体系化したのが、「資源管理型漁業」と称されているもので、

「資源の維持、増大を図りつつ、物的な経費をできるだけ少なくし、付加価値をできるだけ多く実現する漁業」と定義されている。

「資源管理型漁業」は日本特有の資源管理の方法で、欧米の資源管理が生物資源の数値的な管理から入っていくのに対し、逆に漁業経営の管理から入り、生物資源の管理につなげていくものである。

我が国漁業が、二〇〇カイリの設定で外国水域から閉め出され、加えて第二次オイルショックによる燃油の高騰と魚価の暴落により、危機的な状況に直面していた昭和五〇年代後半ごろに、先人

の智慧《ちえ》を現代に生かす漁協系統運動として「資源管理型漁業」の推進が始められた。

簡単にいえば、

「量が少なくても、質の高い魚を獲り、コストを下げることで経営が維持できる」ことを漁業者に理解させる運動であった。理屈としてはごく当たり前のことである。

しかし、現実は違う。日々大漁を願い、一尾でも多く獲ろうと競争しているのが漁師の生き甲斐《がい》。一尾少ないより、一尾多いほうが必ず水揚げ金額も多い。その漁業者に「魚を多く獲らなくても生きていけます」などといってもまったく受け入れられるものではない。現在の経済界に、「そんなに競争したり、輸出したりしなくても、生きていけますよ」というのと同じである。

●大漁貧乏はデフレに似ている

さらに、徹底した現場事例を積み上げ、資源管理型漁業を体系化した最大の功績者である水産経済学者の長谷川彰氏は、

「資源管理の先駆的地区は、資源悪化から始まったのではなく、大量貧乏を経験したところが多い」とまでいっている。

これを初めて読んだとき、「そんなことあるわけがない」「何かの間違い」とびっくりしたことを覚えている。

魚が減って困ったから、今後はそれを大切に少しずつ使おうと改めるのが普通と思う。決して、

魚があり余って困ったから、それを大切に少しずつ使おうなどとはだれも思わないはずだ。

しかし、よく考えれば、それに至るルートは違うが、いずれも獲りすぎた結果として売上の減少を招いたことでは同じ。漁業経営上のインプット（供給側）に問題があるのが「資源減少」とすれば、アウトプット（需要側）に問題があるのが「大漁貧乏」といえよう。

それぞれ供給、または需要の限界を超えた経営を行ったときに生じることを示している。すなわち、「大漁貧乏から資源管理が始まる」とは、需要の限界を踏まえた経営をすることが、結果的に供給の限界を超えない、イコール、資源管理を適切に行う、につながったと考えられる。

これを強引に一般経済に置き換えると、資源乱獲は、供給の限界を超えた企業の生産拡大を行うことと同じで、物価の上昇を招きインフレを招くものとなろう。

一方、大漁貧乏は、需要の限界を超えた企業の生産拡大を行うことと同じで、商品価格が低下しデフレを招くものといえよう。

ただし、一般企業経営にとっては、インフレよりデフレのほうがはるかに悪い。インフレは需要が供給を上回り、原材料などの価格が高騰《こうとう》するが、漁業資源のように原材料そのものが短期間に枯渇するわけではなく、またインフレ時には、原材料の高騰も製品価格に転嫁《てんか》できる場合が多い。

政権復帰した安部内閣は、公共事業による財政支出や日銀による金融緩和で需要を喚起《かんき》し、デフレを克服しようとしているが、これらは過去に実施された施策の再登場であり、一時的な効果しかないことが実証済みである。たとえると、大漁貧乏の原因である大量漁獲をそのままにしておいて、消費者に金をばらまき買わせようとしても、人間の胃袋には限界があるから買わない。それ以前にお金をもらわなくてもその魚の価格は十分安くなっている。「流動性の罠《わな》」とは少し違うが、金ではどうにもならない状態にはまったようなもの。確かに、印刷機を回しお札をばらまけば、インフレを起こすことは可能であろうが、二％という物価目標をコントロールできずに急激な円安とハイパーインフレを起こし、経済が大混乱を起こす可能性も高まる。

例えば、一〇〇〇兆円の借金を抱えた日本が、ユーロ加盟要件である新規国債発行額を対ＧＤＰ比三％以内にするには、消費税税率を三〇％にする必要があるという試算もある。一〇％でもようやくなのに、三〇％などできるわけがない。にもかかわらず、国債発行残高を増やし続けるのはどうしてか。もう、実質上返済不能であるから、ハイパーインフレを引き起こし、一〇〇〇兆円の借金を実質上踏み倒すのが裏の目的であるとしか考えられない。しかし、それはそれで一つの道であろう。

一方、新自由主義者のいう規制緩和で市場における自由競争にお任せすればどうなるかも、実証済みである。格差拡大で需要が減退し、税収も減るのにどうして国債の償還ができようか。

国民の貯金をパーにするケインズか、貧乏人を増やし経済を低迷させるフリードマンか、いずれもお手上げの状況である。

そこで、デフレ克服のために、経済界が資源管理型漁業から学ぶことがあるとすればなにか。

それは経済成長絶対主義から決別し、生産量を減らす中で、利益を確保していく経営方法への転換である。

中国、インドなどの経済新興国の台頭で、エネルギー、鉱物資源、食料などの価格が高騰《こうとう》し、金を出しても買えるものではなくなりつつある点は漁業資源に似てきている。

また、経済先進国での経済成長は止まり、経済新興国の経済成長が当面続くとしても、すでに成長率は低下し始め多くは期待できない。むしろ、地球温暖化などの環境問題を考慮すれば、これ以上の世界的な経済成長は決して望ましいことではない。ＰＭ二・五で北京には人が住みにくくなって来ており、その一部が日本にも流れてきて他人事ではなくなっている。

このように、戦争や大恐慌時には一時低迷したが、それを除くと、ほぼ一貫して右肩上がりで来た世界経済も限界に近づき、コモンズの悲劇を迎えようとしている。

●漁業に学ぶべき第三の道

今こそ、コモンズの悲劇の代表的な産業である漁業に学ぶべきことが多くある。「そんな馬鹿な」、衰退産業の代表格のような日本漁業に、一般経済界が学ぶべきことなどあるはずがない・・・、と思う人は多いと思う。しかし、そうでもない。

二〇〇九年にノーベル経済学賞を、女性で初めて受賞したエリノア・オストロム教授は、「コモンズの悲劇」の解決策として三つの道を示した。

第一の道は、私的所有権を設定し、市場配分に任せる。

第二の道は、政府による管理。

第三の道は、共有資源に利害関係を持つ当事者による自主管理。

そのうえで、第三の道が「コモンズの悲劇」の解決策として最《もっと》も効果的とした。

共有資源の管理を理論的に考察すると、自主管理には様々な困難がつきまとうが、同教授はフィールドワークや実験室での実験を通じ「理論の常識を覆した」ことを評価されたことが受賞の理由という。

日本漁業の経験からすれば、関係者の自主管理が資源管理に一番よいというのは常識であった。「なにをいまさら」感がないわけではなかったが、日本型漁業管理が世界の経済学会で評価されたものとして、国内関係者は受け止めた。

また、同教授の研究アプローチは、抽象的な理論モデルを構築して議論を展開するというのではなく、現実の共有資源の事例データから実証的に議論を展開することに特徴があるとされている。これは資源管理型漁業を体系化した長谷川彰氏の研究手法と、またその結論が、偶然にも一致している。この二人に共通するのはなんであろうか。

漁業資源の管理にも、数理モデルを使った方法がある。しかし、その手法は、過去のことは饒舌《じょうぜつ》に説明ができても、明日のことはなかなか予測できていない。おそらく、その理由は、生物資源は、複雑きわまりない物理的、生物的な要素が絡《から》まり合って変動しているが、数理モデルは、過去における変動データから、限られた要素を取り出し、そこに一定の法則性（モデル）が普遍的に成立するとしているからではないか。

それは、漁業資源学の分野とは比較にならないほど高いレベルにある、経済学の分野においても同じようだ。なぜなら、多くのノーベル賞受賞者を輩出した金融工学という最先端の分野の手法をもってしても、リーマンショックを予測できなかったことからである。

過去の法則性で、未来を予測することには限界がある。

経済学も人間という生き物の営みである以上、物理や化学の分野の法則のようにはいかないのであろう。

このような視点から考えると、オストロム教授と長谷川彰氏とに共通するものは、難解な数理モデルに裏付けされた理論が、あたかも高度なコモンズの管理手法であるがごとき錯覚に陥った多くの経済学者や漁業資源学者とは一線を画し、現場における事例調査から丹念に積み上げる研究手法を用いたことであろう。

さらに、そこで得た結論も、利害関係者が話合いで自主的に管理していくのが、最《もっと》もよい結果をもたらしたという点で同じである。

おそらく、人間という要素を抜きに、コモンズの管理はできないという真理を見出したのではなかろうか。

「資源管理型漁業」という名称は、その内容を踏まえると、むしろ「資源対応型漁業」のほうが適しているという意見は以前からあった。資源を人間が管理できると考えることがおこがましく、人間のほうが資源変動に融け込む「資源融合型漁業」といってもよい、というものである。

経済も、過去においても何度となく、恐慌や○○ショックと呼ばれる悪夢を経験してきた。にもかかわらず世界経済を、マネタリストと称される学者の理論などの、人間不在の手法で管理できるとするのが、新自由主義者ではないだろうか。とすれば、その傲慢《ごうまん》さの将来に、なにが待ちかまえているかは想像に難《かた》くない。

一橋大学大学院経済学研究科岡田章教授の「エリノア・オストロム教授のノーベル経済学賞受賞の意義」も、人間に着目するという点で、同様の見解を示していると受け止められたので、参考までに紹介したい。

岡田教授は、オストロム教授がアメリカ政治学会会長（一九九七年）を務めるなど、これまで政治学の分野を主な研究活動の場とする研究者が、経済学の分野で受賞したことへの違和感を持った見解に対し、次のように指摘している。

それは偏った知識に基づいて「経済学」とは市場のみを研究する学問であると固定的な観念をもつと想像される。この誤った理解は、元来、経済学は政治経済学（Political economy）と呼ばれていたこと、経済学の創設者といわれるアダム・スミスが一七世紀に「国富論」を発表する前に「道徳情操論」を発表したこと、一九世紀にマーシャルが、主著「経済学原理」の巻頭で「政治経済学または経済学は、日常の生活における人間を研究する学問である。（略）それは、一方で富の研究であるが、他方そしてもっと重要な側面は、人間科学の一分科である。」と述べていることを確認すれば、容易に解消できると思う。現在、国の内外を問わず、ほとんどの経済学者は、経済学とは、市場のみならず、社会の他の構成要素であるさまざまな組織、制度、人間行動を広く研究する社会科学の一分野であると理解し、日々、研究に取り組んでいる。このような経済学の内容を簡単に表すために、「経済学とは、インセンティヴの科学である」と説明する研究者も多い。

なお、このほかのインターネットでの評価の中には、選考委員会を揶揄《やゆ》したようなものもあった。それは、過去散々金融工学者をもてはやし、ノーベル経済学賞を与えたところ、サブプライムローンなどの証券化に利用され、金融危機を引き起こし世界中に不幸をばらまいた。今回、オストロム教授を表彰したのはその禊《みそ》ぎである、とのこと。

二．資源管理型漁業のアプローチの概念

資源管理型漁業の定義は、立派である。しかし少しでも漁業を知っている人から見れば「それは無理だ」となる。なぜか。くり返しになるが、「コモンズの悲劇」を抱える漁業の世界には「見える亀の手」はあっても「見えざる神の手」はない。有限の資源のもとでの競争を通じては、決して定義のような効率的な漁業には到達しないからである。

そこで、漁村共同体のとった方法は協業化であった。

今これらの方法は「地域営漁計画」として引きつがれ、その定義は「地域漁業者全体の総括的な目標所得を策定して、その目標所得を実現するための手段を計画化すること」となっている。わかりやすくいうと、限られた水産資源を、最も低い物的コストで、最も高い付加価値をつけて売ることで、一人でも多くの漁業者が浜で生きていけるように、地域全体で計画的に取り組むものである。

書けば簡単だが、その実現は困難をきわめる。他人の倒産を待っていれば、自分だけは生き残れると信じて漁獲競争している漁業者に、他人も救うため自分の減収が避けられない再編案を飲ませるわけであるから。

図５で簡潔に地域営漁計画の考え方を説明したい。ある地域に三人の漁業者がいたとする。それぞれの経営を「所得：Ｉ＝生産量：Ｑ×価格：Ｐ－コスト：Ｃ」の式に当てはめると、三人の間で所得に大、中、小の差が生じているとする。

図５　地域営漁計画のイメージ

	所得		生産量		魚価		コスト
Ａ漁業者	Ｉ１:大	＝	Ｑ１	×	Ｐ１	－	Ｃ１
Ｂ漁業者	Ｉ２:中	＝	Ｑ２	×	Ｐ２	－	Ｃ２
Ｃ漁業者	Ｉ３:小	＝	Ｑ３	×	Ｐ３	－	Ｃ３

○市場競争主義では排除と富の集中の論理
・Ａ漁業者がＣ漁業者の生産量（漁獲枠）Ｑ３を買い取り、Ｑ１の増大で所得Ｉ１を増大
・Ｃ漁業者は漁業から撤退。後の生活は自己責任（場合によっては国民負担→財政悪化）

○地域営漁計画では共生と富の均衡の論理
・Ｃ漁業者の漁業生産手段（漁船、定置網等）を削減しコストＣを減少
・Ｑ３をＡ、Ｂ漁業者に移転し、生産性を向上させ所得Ｉ１、Ｉ２を増大
・Ｃ漁業者は、Ｑ１、Ｑ２の販売に従事し、Ｐ１、Ｐ２の魚価向上
・過去の実績などを基準とし、全体所得ＩをＡ、Ｂ、Ｃ漁業者の間で分配

地域営漁計画は地域全体の漁獲量を前提とし、付加価値を上げ、コストを下げて所得を増やし、一人でも多くの漁業者が浜で生きていけるように目指すことである。

その最《もっと》も典型的なやり方は、儲《もう》けの一番少ない漁船を一隻削減し、余剰人員をそれまで外部に発注していた仕事や魚の付加価値向上の作業に従事させ、全体としての魚価の向上とコストの削減を図るというものである。

このときの最大の難問は、漁業者間の実績を考慮した、新たな作業分担と利益配分への調整と合意の取り付けとなる。

一方、市場競争に任せた方法は、一番所得の少ない効率の悪い漁業者の漁獲量を、一番所得の高い競争力のある漁業者が買い取り、生産性を上げる。ただし、一番所得の少ない漁業者は漁業から退場となり、あとは自己責任でどこかに行ってくれとなる。

しかし、そのような排除の理論では浜はもたない。

かといって、低い生産性の漁業のままでも浜はもたない。

そこで地域営漁計画は、共同経営、協業化などを通じた共生の論理で生産性の向上を図ることとしているのである。

三．資源管理型漁業の実例

実際に北海道のさけ定置網漁業で行われた事例が、図６である。この地域営漁計画は、さけ価格の低迷に対応し、協業化を通じた定置網数の削減により、資本・労働の効率的利用を図ることで生き残りをかけた取組みである。

この取組みの成功の鍵は、個々の漁業者の漁場価値（土地代に相当）をもとにした利益配分比率と、最も効率的な操業形態に移行したときの資本（漁船・漁具）と労働（作業員）の費用配分比率の合意にかかっているといえよう。

感心するのは網走地区での取組みには、想定配分比率と実際の結果が異なった場合の調整金制度やストックとフローの管理組織を区分するなど、現場を熟知した漁業者ならではのアイデアが盛り込まれていること。これは、市場取引や政府管理の手法では絶対に生まれない発想である。漁業にはこのように資本と労働を完全に

図６　「さけ定置漁業の協業化に関する調査・研究」報告書（抜粋）

１　総括

○協業化は、所有権の協業化と作業・労働における共同化に２分
○農業は、経営の３要素（土地、資本、労働）を対象とするが、定置漁業の場合は、土地を漁業権に置き換え（ただし、時間的、面積的に分割不可能）、漁業資本、漁業作業の協同化
○さけ定置漁業の場合は、漁獲量ではなく、価格の低落への対応のためコスト削減が協業化の目的になり、減統による資本・労働の効率的利用が課題となる。

２　網走地区における協業化

○網走定置漁業は、昭和44年以来免許の切替毎に協業化の形態を発展させてきた長い歴史あり。この間19ヶ統から12ヶ統まで削減
○特に昭和54年の切り替え時に、競願による漁業権の取り合いを廃し、効率的な網の配置のため、「自主共済調整金制度」を導入（現在は消滅）
（その改革内容は、水揚げ実績と経費を調べて漁場価値を確定し、権利者の実績をもとに持ち分率を再配分、その上で効率的な漁場配置を見直し、そこに個別権利者を再配置する。さらに、漁場価値を下回る実績となった地区に救済措置を行うもの）
○現在の協業化の形態は、作業配分・利益配分を行う「網走合同定置」（任意組織）と資産保有・管理を行う「網走定置管財株式会社」とに完全統合されている。
○この協業化による効果としては、10年前と比較し漁船漁具の減価償却費30％から20％と減少。道内での比較では、付加価値率において高い（＝人件費以外の諸経費が低い）上位３地区（網走、大樹、常呂）は、いずれも地区共同で経営を営んでいる地区。

再編するのではなく、特定時期の特定漁場に限定した過当競争防止のため、出漁隻数を制限し、水揚げを公平配分するプール制もある。また、特定の漁業者に有利な許可が集中しないように、許可種類ごとに収益性を基準にしたポイント付けをし、公平配分している県もある。このように時々の状況に応じ、競争と共生の使い分けで生き残りを図る手法は、日本漁業の伝統である共同体管理ゆえに可能とされている。個人主義、能力主義、競争主義を第一とする外国ではできない。

大災害後の略奪や救援物資に我先に群がる外国での姿と、先の東日本大震災後の被災者の姿を比較すれば、この国民性あっての日本型漁業管理であることをご納得いただけると思う。

しかし、一般経済界から見れば、なんら評価する点はなく、買収や合併でやれば済むことで、漁業権などで守られているから市場原理が働かず、このような面倒な方法でしか効率化ができない・・・、という反論もあろう。経団連などの経済四団体により設立されたシンクタンクである日本経済調査協議会も、漁業に市場原理主義を導入せよと主張している。確かに、外見から見ればやっていることは、結果的に同じように見えるかもしれない。しかし、そこには決定的な違いがある。漁業は「利益追求のために人を切る」のではなく「人のために利益追求する」のである。

それは、漁業者が「お人好し」でも「高徳《こうとく》の人」だからでもない。他に就業の場のない漁村では、「共に生きていく」がすべてに優先するからである。衰退期を生き延びるためには共生の価値観があって、初めて成長の限界に対応できる生産構造の再編が可能になることを学んで来たためである。

サンマの丸干し

ロシア語でサンマを「サイラ」という。それが紀州でサンマを「サイラ」と呼ぶ日本語由来であったことは、恥ずかしながらモスクワ勤務から帰国後に知った。H町では「サイレ」と少し呼び方が違うが、遠く離れた過去の勤務地と、熊野とが「サイラ」でつながり、少し因縁めいたものを感じた。

１２月の熊野の沖はサンマ漁が始まり、ご当地名物「サンマの丸干し」のシーズン到来。熊野のサンマは、脂肪が抜け落ちている。北のサンマでは丸干しはできない。焼いているうちに腹の部分が破れ、内臓がこげ出てしまう。一度、地元のサンマをあえて刺身で食べたが、まったくおいしくない。しかし、それを酢で〆《しめ》るとうまみ味が出てくる。名物の姿寿司も脂がないゆえの美味という。丸干しをサンマの開きの干物と比較すると、ほどよい内臓の苦みがあり大人向きか。サンマの本場・宮城県の漁業者にも丸干しファンがいるそうで、似て非なるものと考えてもよい。脂があればあったなりに、なければないで、おいしい食べ方を生み出した昔の人は偉い。

サンマを酢で〆《しめ》るとうま味が出てくる

手作りには「おいしさ」を超えた「こころ」があるサンマの丸干し

ある日、漁協がトラックでサンマを売りに来た。漁師町で魚を買う人がいるのかと思っていたら、一輪車にクーラーボックスを積んで皆さん集まり始めた。なんと２０、３０キロは当たり前、５０キロ買う人も。そんな中で私は、今晩のおかずにと１００円玉とビニール袋を持って５尾ほど買って、漁協の職員を困惑させ、Ｋさんには「Ｈ町で前代未聞」と恥ずかしがられた。その後、町中に天日干しのサンマがぶら下がり、一気にサンマの町に。時々「コラー」とサンマにぶら下がった野良猫を追っ払う声が聞こえる。これも歳末の風物詩。丸干しは、親戚や知人への贈り物として欠かせない。

手作りには「おいしさ」を超えた「こころ」がある。神戸の「クギ煮」のように、一般の主婦がご当地の旬の魚を、伝統の調理方法に家庭ごとのアレンジを加え、贈る。年に一度でもよい。こんな風習が全国各地に広がれば、漁業者が喜ぶだけでなく、皆のこころが豊かになるだろう。

第五章　資源管理型漁業の一般経済への応用

資源管理型漁業は、六つのパターンに分類されている。そこで共通するものは、資源悪化（供給不足）にも、大漁貧乏（需要不足）にも、関係者全体で生産量または生産手段を削減させるか、無駄《むだ》な競争をやめるかで対応することである。

一方、従来の一般経済では、供給サイドにはフリードマン流、需要サイドにはケインズ流の対策で、いずれも売上を増加させて、解決を図ろうとすることから、この点が決定的に異なるものである。

資源管理型漁業は、成長の限界や衰退に逆らわず、自分の身をそれに合わせる手法といえよう。

六つのパターンを、一般経済に当てはめていくと、例えば、新自由主義がもたらす、富の偏在と格差拡大による需要の低迷は、資源乱獲の構図とまったく同じであり、その是正には、⑥再生産資源管理型にならい、「売上当たり、次期需要への還元度」を企業に義務づけることなどが有効となる。

独占禁止法は、経済の無限成長を前提とし、自由競争を金科玉条《きんかぎょくじょう》としているが、地球環境問題や、世界経済の成長が限界を迎えつつある情勢下では、その思想が逆に、富の独占を促進していることから、抜本的に見直すべき時期を迎えている。

一・資源管理型漁業の類型

資源管理型漁業を体系化した長谷川彰氏は、徹底した現場調査を通じ、資源管理型漁業を以下の六つのパターンに分類した。

①投入量管理型

過剰な漁獲努力量（漁獲対象物を漁獲するために投入される資本、労働などの投入量）や経費の削減を、目的にしたものである。代表的な手法には、定期休漁日、当番制出漁、プール制、馬力規制、漁具規制などがある。

定期休漁日とは、漁師は一尾でも多く獲ろうと毎日でも出漁しようとするが、みんなで一斉《いっせい》に休む日を決めることで、過当競争を抑制し、経費削減や休暇の取得を図るもの。

当番制出漁とは、一斉に休むことはせず順番に休む日と出漁する日を決めること。

プール制とは、個々の漁船の水揚げを一括《いっかつ》してプールし、あらかじめ決めた方式で全員で利益を配分するもので、究極の過当競争の防止策ともいえる。

しかし、このプール制は、外部の人から「共産主義」と称されることもあるように、「漁獲量に関係なくお金がもらえるのなら苦労して魚を獲る必要はない。自分一人ぐらい手抜きしても大丈夫だろう」と、皆が同じことを考え漁獲量が減少していく恐れがある。よって、例えば毎週の漁場形成の状況を見ながら、通常操業でいくかプール制でいくかを決める場合もある。

状況に応じ、競争と共生を使い分ける典型的な手法といえよう。

なお、馬力や漁具の規制とは、漁獲能力の抑制に大きな効果を有するが、これらは投下固定経費そのものを削減する効果もある。いずれも一定の資源管理効果を持つが、主として過当競争の抑制による経費の削減を狙《ねら》ったものといえる。

なお、抜本的過剰努力量削減の手法として「減船」があるが、これは許可隻数の再増加を認めない公的担保が必要になり、公的支援とセットで行われることが多く、漁業者の自主的なものは単なる「倒産・廃業」となることから、資源管理型漁業から除いている。

②漁場管理型

漁場利用の効率化と操業秩序の維持を、目的としたものである。

代表的手法は、プール制、漁場の輪番使用、漁船の計画配置などがある。

これは特に、定着性魚（貝類、エビなど）を対象とし長時間一定の漁場を占拠する漁業や、特定漁場の特定時期に集まる回遊魚を対象とする漁業において用いられることが多い。

優良漁場には当然漁船も集中することから、そこでは漁場争いで危険な操業になったり、魚が多いといっても漁船も多いと、一隻当たりの漁獲量も減少する。

このため、結果的に不利になる漁船が出ないようにあらかじめ合意を取り付け、漁場を計画的に分散させ、漁獲努力量の投入と収益を最《もっと》も効率的な配置にして、操業の効率化とともに経費の節減を図るものである。

プール制を「共産主義」と捉えがちだが、一般常識では考えられない結果が出た例がある。それは、秋田県北部漁協の底引き網漁業のマダラ操業である。一～二月が漁期の「タラ場」と呼ばれる一カ所の優良漁場に、全船一九隻が殺到していたのを、総指揮者の指示でわずか六隻に減らし（隻数をそれ以上に増やしても、当該漁場での漁獲量はほとんど増加しない）、残り一三隻は他の周辺漁場に配置するという操業方法が採用され、総漁獲金額は前年の二倍に達した。プール制による均等配分が約束されたから、各船がそうした指示に従ったとのことである。

③魚価維持型

大漁貧乏の防止、魚価の安定または向上を目的としたものである。

多獲性魚を対象とした漁業において、漁獲量の制限を図るために行われることが多い。代表的な手法としては、プール制、総漁獲量規制、一隻当たりの漁獲量個別割り当て、などがある。資源管理を直接の目的としていないものの、結果的に資源の安定にも寄与する場合もある。

④加入資源管理型

天然資源の加入群の有効利用を、目的としたものである。魚を小さいときに獲ってしまうのではなく、大きくしてから漁獲することにより漁獲重量を増やすのを目的とする。代表的な手法としては、小型魚の再放流（サイズ規制）や網目の拡大がある。外部から見れば、待っていれば大きくなる魚をどうして小さいうちに獲ってしまうのかという疑問が湧くと思うが、大きくなる前に他人に獲られたり、目先の資金ぐりもあり、そう簡単にいかない事情もある。

⑤栽培資源管理型

人工種苗の放流によって底上げされた資源を、放流後の小さいときではなく大きくして漁獲するもので、目的は上記④と同様であり、その代表的手法としては上記④に掲げたもののほか、放流場所の禁漁区化がある。

⑥再生産資源管理型

資源量の維持、増大に必要な産卵量の確保が目的である。親がいなければ、子はいない。よって、親を保護するという資源管理の基本中の基本といえるもの。目先の利益のために親を獲り過ぎては、その年はよくても、年々加入してくる魚が減ることからそれを防止する。

これは資源全体のコントロールが必要であることから、広域的な取組みが必要で、その代表的な事例は国による総漁獲量規制（ＴＡＣ）があるが、漁業者の自主的な取組みのレベルでは産卵期禁漁や抱卵親魚の再放流などがある。有名な秋田県のハタハタの三年間の禁漁は、産卵魚の保護を目的としこれに該当する。

二．資源管理型漁業の手法と一般経済の手法の違い

資源管理型漁業と一般経済対策の根本的な違いは、供給と需要の限界時での対応であるといえよう。

一般経済においては、供給サイドの問題であれば、フリードマン流の競争を通じたイノベーションにより効率化し売上を伸ばし、需要サイドの問題であれば、ケインズ流の需要喚起で売上を伸ばす。一方、資源管理型漁業では、供給サイドの問題（資源悪化）にも需要サイドの問題（大漁貧乏）のいずれにも、関係者全体で生産量または生産手段を削減させるか、無駄《むだ》な競争をやめるかで対応する。

一般経済が持続的成長を前提とし、売上（需要）を伸ばして解決する道を目指すのに対し、資源管理型漁業は、成長の限界または衰退に逆らわず、売上に合わせて「身を削る」または「無駄をなくす」のである。

ここにこそ、一般経済と漁業との決定的な違いがある。

コモンズの悲劇を抱えた漁業において、供給、需要のいずれのサイドの問題解決にも競争を取り入れることなどは「もってのほか」である。

資源がつぶれるか、経営がつぶれるか、の結果しかもたらさない。

このため資源管理型漁業では、ある資源を漁獲する関係漁業者全員（一般経済にたとえれば、ある商品またはサービスを巡り、市場において競合関係にある企業全社）をまず話合いのテーブルに着かせる組織体作りがスタートとなり、かつ最《もっと》も難しい課題となる。

漁業の場合でも、話合いのテーブルに着かない強欲《ごうよく》漁業者が必ず出てくる。しかし、それを一人でも許しては、絶対に合意形成はうまくいかない。このため時間をかけて説得する。しかし、最後まで駄目《だめ》な場合は、大多数の漁業者の同意を得て、公的な強制力をもって、強欲者を従わせることもある。

「官製談合の枠組み作りか」といわれればそうであるが、市場原理主義がもたらす富の偏在による格差の拡大と経済の低迷に比べれば、共生に向けたよい談合はどんどんやるべきである。

なお、一つ重要なことを確認しておく必要がある。

資源管理のための隻数制限や漁場を巡る紛争防止など、漁業の基盤となる秩序の維持は、大臣や知事による罰則を伴う公的規制で行うが、資源管理型漁業の取組みは、それに上積みして、時々の情勢に合わせて機動的に、かつきめ細かく行われるもので、あくまで現場事情に詳しい関係漁業者による「とも詮議《せんぎ》」による合意を前提とした自主的な取組みとしていることである。

これはコモンズの管理の第二の道「公的管理」をベースにし、第三の道である「自主管理」を、それに上積みする日本特有の管理手法ともいえよう。

三．一般経済への応用

上記一の資源管理型漁業の六つのパターンを、一般経済に当てはめるとどうなるか。

漁業と一般経済では、産業特性が異なり、単純には置き換えられない。漁業の場合は、特に供給サイドの問題として、資源は基本的に無料であるものの、これが減少すると、絶対的に生産活動が制限されることから経営上の最大の問題といえる。

一方、一般の製造業やサービス業においては、購入価格は上がっても製品を製造するための原材料がなくなったり、売る商品やサービスがないことはまずあり得ず、ものが売れない、お客が来ないといった需要の低迷が経営上の最大の問題となると考えられるので、この違いを念頭に置いて推論する。

①投入量管理型

「定期休漁日と当番制出漁」の趣旨は、現有する生産設備や労働力には手をつけず、利害関係者が一定のルールのもとで、生産・営業日数などを減らし、供給減による減収を上回るコストの削減により経営改善を図るものといえる。

身近な応用先の例では二四時間、年中無休営業があげられよう。本当に深夜営業で儲《もう》けているのか、正月も休まず働いてそれに見合う増益があるのか。あの店がやるからうちもやるで、夜間営業にかかる追加コストを考慮すれば、おそらく儲かっていないのではないだろうか。

消費者本位で大いに結構などといっていると、給料も下がる中、回り回って自分が深夜や正月に働かざるを得ない身となる。これは安い輸入品に喜んでいると、それ以上に自分の給料が下げられるのと同じ構図である。

なお、デフレにおいて営業時間を短縮すると、ますます売れなくなると危惧《きぐ》するだろうが、正月にほとんどの店がしまっていた時代のほうが、年末に必要以上の量をまとめ買いしていたような気がするし、事実、経済も好調であった。

消費者本位という名目で大した増益効果もないのに無駄《むだ》な競争をするのではなく、より確実に浮かせる物的経費を人件費に回すほうが、購買力が増えデフレ対策にもなると思う。

身近なことから始める、「無駄な競争」から「無駄をなくす競争」へ。これが消費者の意識啓発も含めた第一歩として重要と考える。

「プール制」の趣旨は、供給面の制限ではなく、収益の制限（分配）ルールをあらかじめ定めることで、自《おの》ずと無駄な供給を絞るものといえる。

一般経済で、これに該当する例を承知していないが、ある特定分野の新技術を共同出資し開発していく技術研究組合の場合などは、研究成果の活用による予想収益比率をあらかじめ想定したうえでの経費分担分配となっていると思うので、若干これに近いのではないかと考えられる。

「馬力や漁具の規制」の趣旨は、工場や店舗などの生産やサービスの提供に必要なハード面への投下資本を、需要を上回らない規模に押さえるものといえる。

一般経済でも、大規模小売店舗法に売り場面積の制限などがある。ただし、この制限は地元の小売店との利害調整を図るもので、漁業での大型船と小型船の漁場調整のようなものであるが、現在はアメリカからの圧力で実質上撤廃され、全国各地にシャッター街を生んだ要因となった。ただし、同じ日本人の国内の大型店からの要請でそうなったのではないところが、せめてもの救いともいえる。

なお、一般経済でも、過去において「特定不況産業安定臨時措置法」(一九七八年)が構造不況カルテル法として制定され(その後一九八三年に特定産業構造改善臨時措置法と改称)、政府による支援も得て、過剰設備が削減された事例もあり、これが二度にわたる石油危機後の我が国経済の立て直しに貢献したとしている。

残念ながら、一九八八年に廃止されたが、現行のデフレ時において、改めてこのような「身を削り無駄《むだ》を省く」手法を再導入すべきではないかと思う。

もちろん「競争第一、敗者は去るのみ、あとは自己責任で」のアメリカや国内の新自由主義者は大反対するだろうが…。

②漁場管理型

「漁場利用の効率化と操業秩序の維持」の趣旨は、地域的な需要に対する供給の過密・過疎の偏りを是正し、適正なバランスを保つことにある。

身近な例でいうと、またこんな所にコンビニができた、ガソリンスタンドができたなどである。消費者としては、便利になり困ることはない。しかし、近くに類似店があるのに新たな出店があると大丈夫かと、他人事のようだが気になる。そうしていると、数年後に「都合により閉店」の張り紙が…。

新自由主義者は、それがどうした、競争に負けたものはただ退場するのみというだろう。これが経済を活性化し、より社会を豊かにするという論理で、切り捨てるのだろう。

しかし閉店した後のロープが張られた建物を見ると、近隣住民としてはなにか侘《わ》びしく、残った借金がだれかを苦しめ続けているのではないかと思うと心苦しい。せっかく作った建物なら、ずっと使ってもらいたい。せっかく勤め始め、その仕事になれたなら長く働いてもらいたい。仮にその経営者なり店員が同じ町の住人であればどう考えるか。この素朴な感情は経済的にも社会的にも、決して間違っていない合理的なものと思う。

では、だれが「この地区にはこれ以上店を出すな」といえようか。

行政ではないし、その能力もいない。

一番よいのは利害関係企業の話合い（あえて談合といってもよい）を消費者に公開しながらやることではないか。競争するから安くなる、それなのになんで消費者が自分に不利なことを受け入れるか、出店数を制限すると既得権益にあぐらをかき安く売らなくなる、と考えるのが普通であろう。

しかし、よく売れている店ほど価格が安く新鮮なことも常識。

赤字の店が安売りするのは、底辺への競争で一時的なものだろう。むしろ互いにつぶし合い、最後に残った資金力に勝る企業の寡占《かせん》状態になったほうが、価格が高止まりするのも一般的現象である。

そこで、一つのアイデアは「逆特区」である。

特区といえば規制をなくす特区が多いが、逆に一定区域では出店規制を強化し、その分の利益が、内部留保や配当の増加など格差拡大に向かわないよう、他地区の同店より確実に価格を下げ、消費者の利益とすることを条件とすればよいのである。

逆特区では、無駄《むだ》な競争が避けられる企業のメリットと、その利益を還元される消費者のメリットが合致するような話合いの手順を定めた法的枠組みが必要となり、これを作る。

そこでは方向性としては逆になるが、再販制度をも対象外としてはどうか。新聞、雑誌など、他人のことなら自由競争大賛成のマスコミが、自分のことになると猛反発するのをぜひ笑って見てみたいからである。ついでにＮＨＫの受信料も…。少しは、彼らにも、規制緩和の痛みを味わっていただいたほうがよい。

③魚価維持型

過剰供給を絞り込むもので、デフレ対策そのものといえよう。

ただし、大漁貧乏は、投下資本や労働力が一定にもかかわらず、資源のほうが勝手に増え供給過多になるのを、休漁などで調整するだけであるが、計画生産の一般製造業においてはその要因となる過剰な設備や労働力の削減が必要となろう。

よって、廃止された「特定不況産業安定臨時措置法」のような仕組みの復活が必要となる。これも情報公開により「成長の限界に達した業種での過当競争は消費者のためにもならない」ことの理解を求めていくことが重要と思われる。

④加入資源管理型

魚を小さいときに獲ってしまうのではなく、大きくしてから漁獲することを一般化すれば、ある商品やサービスの持っている価値を、最大限にして売ることではないかと思う。

わかりやすくいえば、魚は一年たつと体重が二倍になり、脂ものって単価も二倍となる。一年待てば四倍の収入にもなる。そんなうまい話なら一年寝て待てばよいのであるが、寝ている間に他人に獲られたり（無駄《むだ》な競争）、寝ていても食事代（当面の資金ぐり）はいるので、漁獲してしまう。

「もったいない」と思われるだろうが、このようなことは一般経済でも散見されるではないか。

例えば、液晶テレビの急激な価格低下である。画質も向上しているのにこれでやっていけるのかと心配になるが、やはり家電メーカーは軒並み苦境にある。確かに、発売当初の新製品はそれなりの価格はしているが、次の新製品が出回ることになると一気に下落する。

魚は早く獲ると価格が下がり、電化製品は早く売らないと価格が下がる違いはあるが、いずれも他がやるならばと我慢ができず、その商品が本来持っている価値をもったいなく下げてしまっている。

このような安売りを消費者として手放しで喜んでよいものか疑問に思う。

なぜかというと、一つはすでに言及した、過当競争による「安売り」は、回り回って消費者の賃金をも下げるということ。

もう一つは日ごろの食事代を一円でも切りつめ、高級ブランドのバックを買うあの消費者心理との関係である。

消費者には「高いもの、珍しいものを手に入れたい」という願望があり、コツコツとお金を貯めてやっと手に入れるのも喜びの一つ。

経済新興国の経済成長率が高いのは、かつての日本における三種の神器のように国民に買いたいもの、ほしいものが多くあるからであり、それを手に入れようと真剣に働き生産性を向上させ、需要も伸びるというよい経済循環が起こっているためである。

漁業の苦境の原因の一つが、高級魚の価格の低下で、これはバブル期の反動という見方もあるが「ハレの食事のケの食事化」という説もある。

ハレとは「晴れ舞台、晴れ着」のハレで、ハレの日には、餅、赤飯、白米、尾頭つきの魚、酒などが飲食され、これらはかつて日常的に飲食されたものではなかったという。ケとは「褻《け》」と書き日常という意味である。

例えば、お寿司などは家庭では特別な日にしか食べられず、また、にぎり寿司は、年に何回か寿司屋で食べるもので、鰻《うなぎ》も同じあった。そのような贅沢《ぜいたく》品がスーパーでいつでも手ごろな価格で手に入るようになったこと自体は、決して悪いことではない。また、今でも本当に美味しいものは高級店でないと食べられない。

しかし、味を別にすれば、消費者にとって滅多《めった》に食べられないものに、滅多にお目にかかることができなくなったということは、食事全体が「ケ」となり、支出も減少し市場を縮小させたといえる。

日常生活に必要なおおよそのものが手に入り、買い換え需要程度しか望めなくなった我が国で、あらゆる商品やサービスを、価格競争で「ケ」化するのは、本来の価値を低下させ、ますます需要を低迷させているといえないだろうか。

一般経済においても、自ら商品価値をおとしめる「もったいない」価格競争を、利害関係者による話合いで抑制することが必要だと思う。

⑤栽培資源管理型

放流した魚を大きくして漁獲しようとするもので、「加入資源管理型」とは対象が、天然資源由来であるか、人工放流であるかの違いだけで趣旨は同じである。

そこで視点を変え、天然資源のかさ上げを目的とした人為的放流は、民間経済を活性化させる政府の経済対策と似ているのではないかという観点から、放流事業に見られる、ある問題を取り上げたい。

放流事業は、税金と漁業者の負担金で行われることから、常にその経済効果が問われる。これは政府の経済対策における乗数効果と同じ。乗数効果は「一定の条件下において有効需要を増加させたときに、増加させた額より大きく国民所得が拡大する現象」と定義されている。放流事業も投資以上の収益が上がり、公的支援を受けずとも、漁業者の自力でまかなえるようになることが最終目的である。

最《もっと》も成功している事例は「さけ・ます放流事業」である。

長年、国による事業として行われてきたが、放流効果が高まり、いまは一部を除き漁業者負担で行われるようになった。

一方、放流効果で見れば、それ以上の試算もある瀬戸内海のクルマエビ放流事業は、財政悪化に伴う公的負担の支出の減少を漁業者が補填《ほてん》することなく、放流尾数も減少していった。

この違いはなにか。

それは、さけ・ますは放流した川に必ず帰ってくるという、投資と受益の関係が循環系になっているのに対し、クルマエビは放流場所と漁獲場所とで県域が異なり、Ａ県の投資効果がＢ県やＣ県に流れていってしまう開放系であったためである。

我が国政府は、長年にわたり多額の経済対策を行って来たのに、なぜその乗数効果が低いのか。そこには、瀬戸内海のクルマエビと同じことが起こっているのではないか。

グローバル化の進展により投資と受益が一致しにくい開放系経済（開放という言葉のイメージはよいが「だだ漏れ」といったほうが実態に近い）となったので、国内需要の一部が輸入の増加となり、海外に流れてしまうからではないか。

アメリカでの景気対策法案に、ＷＴＯの「内外無差別原則」に抵触しそうな「バイ・アメリカン」条項が盛り込まれたのもこのような背景と一致すると思う。

極論すれば、グローバル化の中では、一国政府による経済対策効果が海外に「だだ漏れ」状態になり、国内企業に刺激を与え、民間による自発的な景気拡大につなげていくという政策目的の達成はできにくくなっているのではないか。

グローバル化によりもたらされた内外無差別原則は、いわゆる「イコール・フッティング」の概念に近く一見公平に聞こえるが、たとえ話にすると以下のようなひどい話になる。

昔あるところに、元気な兄とひ弱な弟がいました。

お母さんは、ひ弱な弟に元気になってもらおうと美味しい料理を用意しました。

ところが、そこに隣の家の元気のよい子が現れ「僕のほうが競争力がある」といって横から食べてしまいました。

お母さんは怒って隣の子供を追い出そうとしたら、兄が「僕も隣で同じことしているのでやめて」といいました。

お母さんはなにもできず、弟はますますひ弱になりましたとさ。


放流事業では、投資効果のだだ漏れを乗り越えるため、当該資源を漁獲する全関係県を集めた広域組織を設立し、複雑な利害関係を一つ一つ解きほぐしながら、投資と受益の調整を図ることで全体を循環系（閉鎖系）にし、放流事業の継続を図っていくこととしている。

しかし、完全開放系経済を理想とするグローバル化の中では、政府による景気対策の投資と受益の調整を国と国との間で行うのはとうてい不可能と思う。

経済の語源「経世財民」は、「世を経《おさ》め、民を済《すく》う」との意味らしいが、グローバル化は民よりも経が優先する。

「世に経められ、民を見捨てる」

のあべこべの世界である。

なお、放流事業においては環境収容力の限界を見定めることも重要であり、これを無視して放流しても、人工種苗の割合は増えてもその分天然資源由来の稚魚が減り、資源量は変わらない。これを「置き換え効果」というが、これは、政府支出効果を減殺する「クラウディングアウト効果」と同じである。

「コモンズの悲劇」も生態学から由来した経済用語であるが、生態学と経済学にはよく似た点が多くあると思う。

生態学においての無限成長は、ガン細胞くらいのものではないだろうか。

そういえば、患部が異常に肥大化し、そのほかは、げっそりやせ細るガンの症状は、一対九九の格差社会そっくりである。成長の限界に達しても、あくなき成長を求める「経済の成長戦略」とは「経済のガン化戦略」ともいえよう。

⑥再生産資源管理型

漁業資源は鉱物資源と異なり「親が子を産み、子が親になる」をくり返す自己再生資源である。このため、当面の利益を優先するゆえに、親を獲りすぎてしまわないことは資源（供給）の持続的利用（安定）において最も重要なこと。

漁業資源学には、「ＳＰＲ（Spawning Per Recruit）：加入当たり産卵資源量」という概念がある。これは生まれてきた子供の何％を親として残し、次の世代を生ませるかという指数である。まったく漁獲がないときの親の量を一〇〇％とすると、概《おおむ》ね三〇％以上になるように漁獲を制限すれば、持続的に資源を利用できるとされている。よって、資源が悪化しているときには、親をより多く残すために%を高める（漁獲量を減らす）必要がある。

イソップ童話にある『ガチョウと黄金の卵』の教訓の「欲張り過ぎて一度に大きな効果を得ようとすると、その効果を生み出す資源を失ってしまうことがある」と同じである。

企業の一年間の売上を「加入」とすると、翌年も同じように商品を買ってもらうためには、その売上の何割かをお客に還元しなければならない。なぜなら、企業が成り立っている根源は、商品を作っているからではなく、

お客が、それを買うお金（需要）を持っているから。

ではその金はどこから来ているのかというと、お客自身が他の企業で働いて得たものである。自社の還元が翌年の他社を潤わせ、他社の還元が翌年の自社を潤わす相互循環系になっている。よって、売上の一定比率を必ず雇用賃金または国内投資により還元しなければならない。

そういう意味で「加入当たり産卵資源量」は「売上当たり次期需要への還元額」といい換えられよう。デフレ不況の原因は買う人が少ない「有効需要の不足」であるが、これは「次期需要への還元額の不足」ともいえる。有効需要は「消費」「投資」「政府支出」「輸出—輸入」の合計である。

資源悪化は、親の獲りすぎが原因であるように、デフレ不況は有効需要を生むガチョウを減らしたことが原因である。

まず「消費」はグローバル化に対応し企業競争力をつけるため、雇用賃金をカットしたので減った。

「投資」はグローバル化や円高による工場移転などで、海外投資を増大させたので国内投資が減った。さらに、政府支出の元となる税収は、グローバル化に対応した企業競争力強化のため法人税を軽減し、併せて雇用賃金が減ったので所得税も減った。多国籍企業の税金逃れもある。

このため多額の国債発行で「政府支出」をして来たが、一時的な需要喚起《かんき》に終わり、借金を作っただけで「消費」「投資」の自発的増大につながっていない。それも当然。有効需要の減少原因に手をつけずに対策だけでは、穴の開いたバケツに水を注ぐのと同じ。

最後の「貿易黒字」であるが、グローバル化で国内工場を外国に移転し、そこから輸入すれば当然減る。

ただし、貿易黒字は「輸出と輸入は一体」という貿易収支の均衡の原則に反した持続性のないものであり、これに頼った有効需要の増加はやるべきではないと思う。

以上から、グローバル化による過当競争や富の偏在が「有効需要を減少」させているのはだれの目にも明らかと思う。これは漁業者による目先の利益優先が「資源を減少」させるのとまったく同じ構図である。

一般経済が「加入資源管理型」に学ぶとすれば、

売上の一定割合以上を雇用賃金と国内投資に充《あ》て、将来の需要の再生産に責任を持つことである。それを義務付けすれば、内部留保の抑制、過大な株主配当や役員報酬のカットも必然となり、格差の拡大も是正される。

企業の業務報告書に、漁業のＳＰＲに当たる当該企業の「需要再生産還元度」を指数化し公表させる。さらに可能であれば、個々の商品やサービスごとに還元度も表示させる。

そうすれば、外国で作った安い衣料品を大量に輸入して販売しているＵ社などは、売上が大きくても、日本国内での需要再生産還元度が低いことが明確になるのではないだろうか。

「安モノ買いのゼニ失い」といった言葉があるが、正確にいえば、「安モノであろうが、高いモノであろうが、還元度の低い商品買いのゼニ失い」を、消費者が、判別できるように表示するべきと思う。

なお若干趣旨は違うが「フェアートレード運動」（発展途上国の原料や製品を適正な価格で継続的に購入することを通じ、立場の弱い途上国の生産者や労働者の生活改善と自立を目指す運動）にならい、世界の消費者が還元度の高い製品やサービスを優先して購入するようになるとよい。

また、法人税もこの還元度の低い企業に対しては、累進制を課すなどを行うべきであろう。必死に雇用を支えている企業と、労働分配率が低く、株主や役員の儲《もう》け第一主義の企業に、同じ税率を適用するのは絶対におかしい。

このようになれば、一対九九に象徴されるような強欲《ごうよく》型のグローバル経済から、公平な格差の少ない需要再生産型の世界経済へと移行できると思うが、どうであろうか。

●金は天下の回りもの

消費者にも注文がある。

「宵《よい》越しの金は持つな」とまではいわないが、消費は雇用賃金・家計から支出されるから、不況のときほどお金を使わなければならない。

現実は不況のときほど貯蓄率が高まることから、経済界に「不況のときこそ競争をやめよ」を求めるのと同じくらい、消費者に「不況のときほどお金を使え」を求めるのは難しい。

不安な将来に備えて蓄えるという、個々の立場での判断としては正しくても、皆が同じことをすると、さらに不況になり、逆の結果を招く経済学用語の「合成の誤謬《ごびゅう》」とは、本当によくできた概念である。

「合成の誤謬」から脱する方法は、個人の立場からの利益のみを追求せず、お互いの助合いの精神をもって衰退期を乗り切ることであり、それが日本型漁業管理を支えてきた智慧《ちえ》ともなっている。

そんな経済用語は聞いたことはないが、

「合成の逆誤謬」

個々個人では損をする行為であるが、みんながそれをすると全体では儲《もう》かり、いずれ個人にも得になって戻ってくるというもの。消費者にも時々の経済情勢と収入に合わせた貯蓄率の上限目標を掲げてもよいのではないか。

私が住んだ漁村の「餅《もち》まき」が個人でお金を使うという、これに似た経済効果を持っている気がしたので、余談になるが以下その体験を紹介したい。

小学生のころ以来約半世紀ぶりに餅《もち》まきを体験した。しかもこの一年間で六回もあった。私の育った大分の田舎では、餅《もち》まきといえば棟上げのときのみで、経験数は生涯で三回あったかどうか。人口一五〇人の漁村でこの多さに何かわけがあるはず。

そもそも餅まきとは、上棟式などで災いを払うための神事で、神社での祭事においても行われるようになったとある。

しかし、この村は高齢化が進んだ過疎の村で、新しく家を建てる人はない。定番の神社の餅まきは二回だけ。それなのになぜ多いか。

それは個人の厄《やく》払いと、お祝いの行事としても行われるためである。

びっくりするのはその回数と量。生涯での回数は、厄年二回(男二五歳、四二歳、女十八歳、三三歳)と還暦、米寿の計四回。一回の量は三俵、ただし若い厄年は一俵でよい。八八歳までだと、その合計は一〇俵、六〇〇キロにもなる。これに加え、米寿の方からは、墨で手形を押し名前を書いた白い紙と、三キロ入りのお米が全戸(約八〇軒)に配られる。

拾うほうは大いに結構であるが、まくほうには相当な出費でないかと心配になり聞くと、経費負担は若い厄年は親、米寿は子と孫、他は本人とのこと。

この村には金持ちはいない。

なのに、そこまでやるのは、やはり漁村社会の助け合い精神が根底にあるのではないかと聞くと、皆さん「そんなこと考えたこともない」と即座に否定。

しかし、都会生活の長かった私から見れば、これは単なる厄《やく》払いやお祝いのお裾《すそ》分けのみでは説明が付かないと思う。

この村で生涯にまく餅《もち》と配布する米の合計は八四〇㌔になる。これは日本人の一人当たり年間平均消費量（五九㌔）の約十四年分に当たる。これ以外のお菓子なども含めると、餅まきがもたらす経済効果はバカにならないと思う。

やはり餅まきには、富の分散や、お金の循環などの意図せざる効果があり、それが地域行事として残ってきた理由と思わざるを得な

富の分散や金の循環などの効果がある餅まき

い。

日本経済が低迷する原因の一つは、ほしいものがほぼ手に入り、消費が伸びなくなったことである。だから個人金融資産が一四〇〇兆円もある。ならば、ほしいものはなくてもお金を使わざるを得ないように「餅《もち》まき促進法」を作ろう。その実効性担保に罰則はいらない。「災いが降りかかることがあります」で十分。

税金を一円も使わないで、個人単位でこんな内需拡大をもたらす施策は他にない。アベノミクスよりはるかによい。

餅《もち》の拾い方にも、ルールがある。

子供がいる場合は最前列、次は女性の列、最後に男性がそれを囲むように後方に陣取る。その枠内での位置取りは早い者勝ち。そして皆さん餅を受けるための前掛けをし、立っては危険だからと行儀よく座り込む。しかし、いったん餅まきが始まると、ご高齢の皆さんも本能丸出しで実力の世界に…。

ここにも漁村社会の共生と競争のバランスがうまく保たれている。

日本で一番餅まきが盛んなのは和歌山県らしい。観光客向けの餅まきまであるそうで、今なら「餅まき県」の商標登録が認められるかも。

餅まきの楽しさや、その経済効果から、ぜひ日本古来のこのよき伝統を全国で復活してはどうだろうか。

東京の超高層マンションの屋上からの餅《もち》まきは想像するだけで愉快である。しかし、一〇〇メートルを超える高層から落ちてくる餅の衝撃度は半端でなく、ヘルメットは欠かせない。餅拾い用の防護服も売り出されるようになれば、さらなる経済効果も。

「金は天下の回りもの」ならぬ「餅は天下の回りもの」である。

四．独占禁止法は独占促進法か

一般経済から見れば、漁業者の自主的な申合せで行われる資源管理型漁業の行為は、真っ向から独禁法に抵触するのではないという疑問があろう。

例えば、漁獲量の制限につながる各種の資源管理行為は、数量制限カルテルや設備制限カルテルに該当するのではないかと思うだろう。

かつて水産庁で資源管理を担当していたときの話。

このことで、公正取引委員会事務局と折衝を行ったことがあるが、「資源が明らかに悪化したと判断されない限り、いかなる管理措置をも導入することはまかりならん」という極端な解釈もあった。

しかし、それはどう考えてもおかしい。

徹底した議論が必要と判断し、独禁法や資源学の専門家が参加した研究会を立ち上げ「資源管理と独禁法」という報告書をまとめた。その、第一点目のポイントは、独禁法第一条にある禁止行為（手段）と目的とが、天然資源の管理において真っ向から矛盾するという漁業の特殊性である。

独禁法の第一条には、

「協定等の方法による生産、販売、価格、技術等の不当な制限その他一切の事業活動の不当な拘束を排除することにより、公正且つ自由な競争を促進し」

とあるが、

「自由競争促進」こそが、「資源悪化の元凶」であり、同条後半の「事業活動を盛んにし、雇傭《こよう》及び国民実所得の水準を高め、以《もっ》て、一般消費者の利益を確保すると、ともに、国民経済の民主的で健全な発達を促進する」

の目的達成を阻害《そがい》するものとした。

第二点目のポイントは、これらの行為が消費者の利益にこそなれ、阻害していない現実である。

具体的には、

・多くの資源が悪化し、回復が必要であったこと

・輸入水産物の影響などで国内水産物の価格が大幅に下落していること

・漁業者価格と消費者価格の間には四倍程度の開きがあり、漁業者価格が変動しても消費者価格はほとんど変わらない

などであった。

これにより、外形的な取組みのみを持って独禁法に抵触するとは判断しないと、なんとか理解を得た。

しかし、これが一般経済の業種となれば、そう簡単にはいかないかもしれない。もちろん、特例法で適用除外とする手段があるが、むしろ、

独禁法自体を、抜本的に見直さなければならなくなっていると思う。

なぜなら、漁業という特殊産業のみならず、一般経済も、成長の限界に差しかかってきており、また温暖化などの地球環境問題を考えると、無限成長を前提とし、自由競争を金科玉条《きんかぎょくじょう》とした独禁法では、対応できなくなって来ていると思うからである。

その証拠に、

自由競争を世界に拡大させたグローバル化がもたらした現実は、独禁法の目的である「雇傭《こよう》及び国民実所得の水準を高め」とは、まったく逆の結果になっている。

手段としては独禁法に適合しても、富の独占を促進している点で目的違反であり、いつの間にか独占禁止法が「独占促進法」となってしまっている。

とは、皮肉なことである。

一般経済に、市場が限界に達した業種では、関係団体に集まって話合いをしてもらい、無駄《むだ》な競争を回避するための物的コストの削減、強欲《ごうよく》を正す株主配当・役員報酬のカット、需要の再生産のための雇用の維持などがセットになったカルテル（価格協定）を公正取引委員会に認めるよう、ど

んどん申請していくべきだと思う。

ボラの名誉を回復しよう

毎日のように魚を食べる。種類が多く、地方名だけで標準和名がわからないものもある。それぞれの魚にはおいしい食べ方があるようだが、適当に調理し、「エー、あの魚を刺身で食べたのか」とびっくりされ、こちらのほうもびっくりする。

逆に、地元では食習慣がないネコザメをもらって酢味噌で食べたら感心された。鮮度がよいためか、なにを食べても感動的にうまい。なじみのカツオですら、釣れたその日のものはまったくの別物。まさに「餅《もち》カツオ」で、口の中で簡単にかみ切れない独特のねっとり感はなんともいえない。「浜の味をそのまま消費者に」は永遠の課題であるが、それができれば今の２～３倍の値段でも売れるに違いない。

中でもまったく印象が変わったのはボラ。Ｋさん宅に初めて呼ばれたときに、白身の刺身が出た。初めマダイと思ったが、それ以上にうま味を感じたので質問したところ、なんと答えは「ボラ」。思わず身が引けた。ボラといえば、油の浮いた汚い水面でプカプカ泳

釣れたその日のものはまったくの別物のようにおいしい

「ボラは臭い」は根強くあるが人間が臭くしたのだ

いでいるあれ。一転して恐る恐る慎重に味わってみたが、まったくなんの臭みもなくやはりうまい。これならマダイといっても十分通用するし、それ以上かも。

郷土史に９０年前の魚の単価が記録されており、高い順からタイ、ボラ、マグロで、今の価格でキロ１，８００円に相当。ボラとは本来大変おいしい魚だった。たまたま生息水域を人間により汚染され、油臭い魚の代表格とされた。しかし、外海に面し、人がほとんど住まず、熊野の森のきれいな水が流れ込むH町の海では、今でも本来のおいしさを維持している。ボラのうまさに大感激した数日後、市場での価格がキロ２５円と聞いて大憤慨。消費者に染み込んだ「ボラは臭い」は根強いのであろう。

ボラではなく、人間が臭くしたのに。人間はボラに謝れ、名誉を回復しろ。マダイに比較し鮮度劣化が早いという課題は残るが、地域を限定すれば、ボラは確実に再評価される。日本人は外国の魚を食べる前に、まだまだ国内に埋もれている安くて、おいしい魚を再発見していくべきと思う。

第六章　漁業に市場原理主義を持ち込もうとする動き

我が国の漁業分野にも、新自由主義者の食指が伸びて来ている。

その代表例が、経済団体が提言する、漁獲枠を個別配分し、それを市場取引の対象にする制度の導入である。これは、我が国の漁業資源が、マネーゲームの新たな投機先となり、零細な漁村の崩壊につながりかねない危険性をはらんだものである。

また、東日本大震災復興特別区域法で、漁業権の免許に当たり、漁業者の共同体である漁業協同組合より、私的法人を優先する制度改正が行われた。

これは、「ショック・ドクトリン」と称される、大惨事につけ込んで実施される過激な市場原理主義改革の典型的な事例であり、漁業者の強い反対にもかかわらず、宮城県知事により推進された。

その目的は、公有水面の私的分割であり、漁業者の生存の場でもある海を奪うことから、本物の津波以上に恐ろしい「第二の津波」と警戒されている。

さらに、ＴＰＰへの参加は、日本人の外国依存度を高め、今以上に東北との絆《きずな》が細くなるので、確実に復興を阻害《そがい》するものとなろう。

一・資源管理と称した市場原理主義の導入の問題

●金がすべてのＩＴＱ

日本経済調査協議会は、外部資本に我が国周辺の資源・漁場を寄こせ、品よくいえば「参入のオープン化」を図れと主張している。

その参入の手段として、運用次第では「海の地上げ屋」ともなり得るＩＴＱ制度の導入が提言された。ＩＴＱ（Individual Transferable Quota）とは譲渡性個別割当と訳され、漁獲割当を個々の漁業者ごとに分配し、それを市場取引の対象とするもの。

コモンズの管理の第一の道、そのものである。

これは、少数の大型漁船が主体の外国漁業の一部で採用されている。

一方、我が国の漁業管理制度は歴史的経緯を踏まえ、公的許可制度と自主的管理とが併用され、零細・小規模漁業者や実績者に一定の優先権が与えられている。

この仕組みを金がすべての市場原理主義に基づき、漁業者を決めるルールに変更するのがＩＴＱである。

わずか三社が全割当を押さえてしまった外国の事例があると聞くが、これでは零細な漁村社会は崩壊してしまうので、漁業者の強い反対が予想される。それを押し切るため「資源は危機的な状況にあり、ＩＴＱがそれを救う」という世間受けを狙《ねら》った大義名分を立てている。

しかし、実態は水産白書で述べているように、低位にある資源の比率が近年一貫して減少している。というよりは、そもそもＩＴＱは資源の分配、すなわち、富の分配のあり方で、悪化した資源の回復は、漁獲量の制限や休漁期の設定などで達成でき、それを何人で使おうが金でやり取りしようが、資源の管理とは直接関連がない。

また、ＩＴＱを導入した場合に最《もっと》も危惧《きぐ》されるのは、ＩＴＱをだれが買うかという問題である。グローバル化の時代なので、外国から資本投入してくる可能性がある。

そうなると次は、外国船の直接利用である。グローバル化を推進する人たちから見れば、否定する理由はない。

ＩＴＱを買った外資系企業が、高い金を出してＩＴＱを買ったのだから、コストの高い日本漁船よりも、競争力のある外国漁船が近くにいれば、それを使ってなにが悪い。そのまま獲らないよりいいじゃないかと、いい出すに決まっている。

仮に、日本漁船にしか漁獲枠のリースを認めないとのルールであっても、安心はできない。自分は高い金で、ＩＴＱを買った。そんな安いリース料では、漁獲枠を貸せないとする。そうなると、ＩＴＱホルダーから漁獲枠をリースし操業しようとしていた漁業者は漁に出られず困る。魚があるのに獲らないのでは資源の無駄《むだ》、加工業者も消費者も困る。結局日本政府は困り果て、

ＩＴＱホルダーに屈し、外国漁船の使用を認める方向にいく。そうなると、日本の周辺、特にマイワシが復活すれば、一〇〇〇万トンの漁獲量が可能になり、我が国水産業の復活のチャンスであったところ、外資と外国漁船に持っていかれることになる。

これでは、大変な国益の喪失《そうしつ》になってしまう。

すでに、水資源を狙《ねら》ったものと推測されるが、山が外資に買われている。山林というのは個人情報保護もあって、だれが買っているかもわからないような状態が起こっているという。

そういうことが、漁業でも十分生じ得る。ましてやＴＰＰなどでヒト・モノ・カネが自由に国境を越えるとなると、格好の餌食にされてしまう。

●新たなマネーゲームの投機先の開拓に

我が国漁業が低迷している大きな要因は、魚価安である。これは輸入水産物の増加と魚離れによる需要の減少が根底にあり、近年のデフレ不況がこれに加わったことにより生じている。

しかし、確実に大きな構造的変化が起こりつつある。

輸入が減少し、輸出が増加し始めたからである。それは中国などの経済新興国の隆盛と、欧米における魚食指向の高まりで、海外における水産物需要が増加し始めたことによる。近年の円高にもかかわらず、原発事故以前は、北海道では水揚げの三分の一が輸出に回るまでになった。国際商品と化したスケトウダラを漁獲する国内漁業は、金融危機前には輸出が増え、過去最高の水揚げ金額を記録した。

この国内外での魚価変動の「ねじれ現象」こそが、我が国漁業が抱える最大の危機である。世界的視野から見れば、間違いなく水産物需要は高まる。日本周辺漁場は、有望な供給源である。日本漁業が、デフレ不況によりあえいでいる今こそ、国内外の外部資本にとって、最大の参入チャンスなのである。

二〇一〇年八月一〇日付けの日本経済新聞の一面全部を使い、野村證券が「アムンディ・グローバル漁業関連株マザーファンド」と称し、世界の漁業関連企業の株式などへの投資を募った。そこでのうたい文句は「世界人口の拡大、新興国の食の欧米化、先進国の健康志向により、今、世界の魚需要は大きく拡大しています」となっている。

なぜに、経済界がＩＴＱ制度を導入させようとしているのか。資源管理という美名のもとに隠されたその真の狙《ねら》いは、新たなマネーゲームとしての投機先の開拓としかいえない。

それでなくても、世界中で格差拡大が進んでいる中、日本の漁業資源までもが、強欲《ごうよく》資本の新たなターゲットになることだけは阻止《そし》しなければならない。

改めて、我が国漁業に市場原理主義を導入する際の、具体的手法となるＩＴＱの問題を整理してみる。

一点目は、ＩＴＱは、排除の理論でできていること。退場させられた人の雇用の場をどう確保するのか、どうやって生きていくのかということには「自己責任」の一言でかたづけられない。

離島や半島部の多くの漁村に住む人には、漁業を除いては雇用の場は存在しない。ＩＴＱが、過疎化をより深刻にすることだけは間違いない。

二点目は、仮にＩＴＱで効率化して利益が生まれたとしても、その利益が外部流出、場合によっては外国にいき、漁村が豊かにならない。

三点目は、ＩＴＱでなくても、漁業の効率化のやり方である日本型漁業管理のほうが日本に適している。外国ではマネしようにもできない、日本人の財産ともいえる共同体管理の伝統・文化が、個人主義のＩＴＱによって後退させられ、コモンズの悲劇の最も効果的な解決方法が、我が国から失われてしまいかねない。

これこそが最大の問題である。

二．震災被災地の漁業復興に市場原理主義を持ち込む問題

●大惨事につけ込む新自由主義

東日本大震災復興特別区域法で、漁業権の免許に当たり、漁業協同組合という共同体より私的法人を優先する漁業法の一部改正が行われた。

市場原理主義者は日ごろは「政府の干渉は最小限がよい」といいながら、その一方で、自らに都

合のよい制度改正のためには、政治力を持って政府に働きかけをする。

この改正は、市場原理主義者に影響された宮城県村井嘉浩知事が、津波で壊滅的被害を受けた県下漁業者の大反対にもかかわらず、政府に強く働きかけ実現したものである。

これについては、『ショック・ドクトリン　惨事便乗型資本主義の正体を暴く』（ナオミ・クライン著）が大変参考になる。ショック・ドクトリンとは、

「大惨事につけこんで実施される過激な市場原理主義改革」

のことであり、この本では新自由主義者による火事場泥棒的な手口が、多数紹介されている。

特に有名なのは、ハリケーン・カトリーナ水害後のニューオリンズ市へ、マネタリストの代表格であるミルトン・フリードマンが提唱した教育バウチャー制度の導入である。バウチャー制度とは義務教育の学校運営に市場競争原理を持ち込み、教育の競争を図ろうとするもので、政府が利用券（バウチャー）を家庭に配り、私立の教育機関（チャータースクール）を設立し、保護者が子供を私立学校に通わせることができる仕組みである。

この結果、一二三校あった公立学校はわずか四つになり、七つしかなかった私立学校が三一にまで増えた。現在、アメリカにおいてはチャータースクールによって教育が二極分化しており、教育の低下が社会階層の固定化に結びつき、かつて公民権運動で勝ち取られた成果が無に帰しつつあるとのこと。

同書では、津波被災地における火事場泥棒の例も紹介されており、以下要約し引用する。

二〇〇四年のスマトラ沖地震によるスリランカの津波復興計画は、ワシントンの金融機関の圧力のもと国会議員には復興計画の立案を任せないとして、別の委員会をつくり、委員には海浜観光業界の利益を代表する者を当て、漁業や農業を代表する者などを含めなかった。

この委員会はたった一〇日間で住宅から道路建設に至るまでの青写真を作った。さらに、津波以前には国民の強い反対に遭《あ》った高速道路と大型漁港の建設に災害支援金を流用する決定も下した。これに反対した者からは、「津波以上の大災害」「支援が支援にならないどころか、人々に害をもたらす」と評された。

モルディブでも同様で津波を利用し、バッファーゾーンを作る名目で海岸に住んでいた人々を追い出し、開発事業者に明け渡そうとした。沿岸地域のコミュニティーが無視されて企業利益が優先された。

一方、多くの漁村が数ヶ月のうちに再建されたタイの事例がある。他のケースと違うのは、被災者達が政府の口約束を信用せず、避難所でおとなしく公的な復興計画を待つのを拒み、津波から数週間のうちに何千人という漁民が集結し、「再侵入」と称する行動に出たこと。

彼らは「この土地を守るためなら命を懸けても惜しくない」と、開発業者に雇われた武装ガードマンをものともせず、各自が手にした道具でかって自分達の住まいのあった地区を囲った。

またタイでは被災者達が従来のようにただ座して施しを待つのではなく、自分達の手で復興を行うのに必要な手段を求めた。タイの被災地連合の声明は「復興事業は可能な限り地元住民自身がおこなうべきである。外部の業者の参入を排し、地元社会が責任を持って復興を行うのが望ましい」。

さらに、インターネットに掲載された同書の書評の中に、以下の記述があった。

　新自由主義にとって邪魔《じゃま》なのは市場原理主義に反するような非資本主義的行動や集団である。そうした非資本主義的集団として、地域共同体や歴史や伝統に根ざした「共同体」が存在するが、新自由主義はこうした集団を徹底的に除去する。災害復興の名目で公共性、共同体を奪い、被災者が自《みずか》らを組織して主張を始める前に一気に私有化を進めるのである。

まさに慧眼《けいがん》である。

特に「新自由主義にとって邪魔なのは、地域共同体や歴史や伝統に根ざした共同体」に合致するのが、我が国の漁業管理制度であり漁業協同組合である。

マスコミの嘘《うそ》に「漁業協同組合は閉鎖的で新規参入を阻害《そがい》」がある。

しかし、漁業協同組合は、一定の日数以上、海で働く者の加入を拒否できない制度になっている。

では、宮城県で協同組合より優先的に漁業権の免許を受ける私的法人は、希望すればいつでも経営に参加しまたは雇ってくれるのか。

協同組合と私的法人を比較すれば、どちらが閉鎖的であるかは、だれにでもわかり、公的水面の管理体としての適性は問うまでもない。

しかし、残念ながら特区法で一角を破られてしまった。

おそらく宮城県での試みをなにがなんでも成功させ、マスコミを通じ大々的に宣伝し、外部資本による海の私的分割に向けた全国展開の橋頭堡《きょうとうほ》とすることは確実である。

漁業者はそのような宣伝に対抗し、タイ国の漁民の根性を見習い、この法律を廃止にするまで強い反対運動を継続していかなければならない。

なお、我が国での過去の津波後の漁業への新規参入への考え方として、一八九六年の明治三陸地震津波に関する報告書（災害教訓の継承に関する専門調査会報告書、二〇〇五年三月）が参考になる。そこでは、他地域からの移住を奨励《しょうれい》するという対策が示されたが、同時に「出稼《かせ》ぎは困る。県外から出稼ぎに来ても、三陸地方の水産物を奪いさるだけで地方経済にひとつも寄与してくれない。それどころか、生き残った漁師が不利になることとなろう」とし、気仙郡では移住者規則を作成したとある。

その規則では、「移住者は遠洋漁業に長じているか、現在漁業に従事しており、移住後も引き続き漁業に従事するものに限る」「移住者は出稼ぎであってはならず、永住を前提とすること」と定めている。

●慶事便乗型新自由主義の登場

復興時には他人に頼らざるを得ないが、それに乗じて利益を持ち去ろうとする者への強い警戒感は、今も昔も変わっていないのである。

ところで、本来なら本項はここで終わりのはずだったが、なんと今度は、「慶事便乗型新自由主義」ともいえる新種が登場した。政府は、東京での開催が決まった二〇二〇年夏季五輪・パラリンピックに向けて、地域限定で大胆な規制緩和を行う「国家戦略特区」に東京を指定することを本格的に検討するようである。まさに、二〇一三年の朝ドラで流行った「じぇじぇじぇ」である。

これはアベノミクスの「第四の矢」とし位置付けられるそうだが、惨事であろうが慶事であろうが、なんでも便乗する新自由主義者の節操のなさにはあきれ果てるしかない。

●ＴＰＰは復興を阻害《そがい》する

私も津波の三ヶ月後、岩手県の現地調査に出かけ、太い鉄骨すらねじ曲げた津波の威力にただ呆然《ぼうぜん》とした。

しかし、今後の復興に当たり、最《もっと》も気がかりであったことは、復興を悪用する上記のような火事場泥棒よりも、需要面での悪影響のほうであった。

三陸地方は過去何度も津波の災害に遭《あ》ったが、そのたびに確実に復興を遂げてきた。漁業の復興には漁業者と漁業関係施設という供給面だけでなく、加工・流通関係と、その魚を買ってくれる消費者、すなわち需要面も戻って初めて成し遂げられる。

過去は、その需要が確実に戻ってきた。

なぜなら、輸入水産物がなかったから、国民は待ってくれたのである。

しかし、今は違う。市場に少しでも隙間《すきま》が空けば、これぞチャンスとばかりに参入してくる。秋田県のハタハタ漁業は、資源回復のため三年間の全面禁漁を行い、見事に資源を復活させた。しかし、その間に輸入や他産地に市場を奪われ、再開後の魚価は一〇分の一にまで低下した。グローバル化や競争社会とは、相手が被災者であろうが、隙あらば容赦《ようしゃ》なく襲いかかる冷酷な世界である。おそらく東北太平洋岸の漁業に関する供給は、回復しても需要は回復せず、生産金額が元のレベルに戻ることはないであろう。

なぜ私が、そのような悲観的なことをいうのか。それは国民がこのことに気づいていないと思うからである。

震災後、マスコミを通じ「絆《きずな》」という言葉に接することが多くなった。しかし、その一方でマスコミはＴＰＰ参加を主張し、国民の多くも、その是非《ぜひ》に関する明確な意志を示していない。

貿易が盛んになるということは、国内の生産が外国の消費者に依存し、国内の消費者が外国の生産者に依存する比率が高まること。逆にいえば、国内における生産者と消費者の依存関係が低下すること、である。TPPに参加すれば、今以上に国民は東北を必要としなくなり、「絆《きずな》」は細くなる。国民が、「いうことと、やっていることの矛盾」に気づいていない。だから、過去の津波のようには、被災地の漁業は復興しないのではないかと危惧《きぐ》するのである。

三、新自由主義に対抗する生存権経済

●保護とハンディは違う

経済界からの日本の農業（漁業はそれほどでもないが同じ趣旨）に対する批判は、貿易制限や補助金で保護されているゆえに集約化ができず、生産性の向上ができない。また、このままの保護を続けても高齢化が進みつぶれるだけ。むしろ国内市場の完全開放こそ、日本農業の効率化を進めるチャンスという。

これは「裸にすれば風邪《かぜ》が治る」ということ。

しかし、ものには限度がある。

そもそも我が国の農地は、平地はわずかで、多くは中山間地にある。日本の水田での多少の集約化が進んだところで、耕作面積が一〇〇倍以上も違う外国のコメ農家とどう闘《たたか》えというのか。

それができるというなら、まずＴＰＰに賛成する産業界が、山間部の千枚田に外国の一〇〇分の一の規模の工場を建てて製品を作り、外国と競争して、お手本を見せてほしい。

コメの関税が七〇〇％を超えると批判する者がいるが、日本の農家が一〇〇倍の面積差の外国の農家と闘うには、競争条件を公平にする必要があり、
そのための関税は「保護」とはいわず、当然与えられるべき「ハンディ」である。

これこそ本来の「イコール・フッティング」ではないか。

同じ条件で競争すれば、日本のコメ農家は外国に絶対負けない。

それなのに、なんで失業しなければならないのか。

こんな不公平なことはない。

農業とは比較にならないぐらい恵まれた環境下で、外国の工場と同じ条件で生産可能な工業製品を、より輸出しやすくするために、ＴＰＰにすがろうとする輸出産業こそ過保護そのものだ。

政府の試算でも輸出産業にわずかなメリットしかないＴＰＰへの参加のため、
農業に壊滅的打撃を与え、
それでなくとも衰退・疲弊《ひへい》した地方と農林水産業を、さらに犠牲にしなければ、生き残れないような輸出産業であれば、

そちらのほうにこそ未来はない。

集約化し競争力を強化すべきは、そちらのほうである。

●第二の津波に警戒を

現実を無視した「裸にすれば風邪《かぜ》が治る」というめちゃくちゃな理屈も、多くの消費者には、目先の恩恵につられるためか、受けがよい。

しかし、本当にそうなるのであろうか。

人口に比べ耕作面積の少ない我が国が、今以上に耕作放棄地を増やして大丈夫なのか。世界の食糧事情が逼迫《ひっぱく》しても、日本は今後とも経済国なので、食料を輸入する金はあるという経済界の主張を信じてよいのか。アメリカが安全という遺伝子組み換えの作物とは、自然界に存在しなかったものである。

しかし、経済界が絶対安全といってきた原発事故を見て、当然疑問が湧くだろう。そこに消費者が震え上がるようなことを農業者自《みずか》らが書いた本があった。要約すると、

いくら将来の食糧問題や日本農業の実態を主張しても、まったく聞く耳を持ってくれない。それならば、好きなように、完全自由化も補助金廃止もどうぞご勝手に。しかし、自分はなにがなんでも自分の土地を守り抜き、自分の食べる分だけは絶対に作り続ける。

である。

私も消費者の一人として、生産者にここまで開き直られると背筋が寒くなる思いがした。

私は、漁村に移り住み漁業に従事し初めてわかったが、漁獲物は換金目的で出荷されるものと、自給用のものとに分かれる。

傷物、サイズが小さい、数が少ないなどの関係で漁獲物のすべてが出荷できるわけでないので、自給用に向けるのは合理的。

また、細々ながら自家用に野菜なども生産しており、お互いにそれを交換し合う。

都市生活者には想像できないが、食料の部分的自給自足体制が現存している。

なぜか不思議なことに、そのような魚や野菜ほど鮮度がよいためか、店で買うより何倍も美味しい。現金収入の少ない漁村で生きていくうえでは、食料費の節約は大いに家計を助ける。

宮城県知事が津波後の漁業復興において外部資本の導入を図ろうとし、「漁業者は給料をもらえるサラリーマンになれる」を誘い文句としていたが、これは海で自《みずか》ら糧《かて》を得ている漁業者感覚をまったく知らない部外者の視点でしかない。

収入が安定する可能性もあるが、いつクビになるかの不安定さもある。なにより、海の権利を失った一人の雇われ人になることは、金がなければ、一尾の魚も手に入らないただの人になることであり、それへの強い警戒感は、理屈を超えた本能的生存権の主張である。

例えば、アフリカの飢餓《きが》はそれまでの自給自足的な多品目の作物栽培を、外国資本が進めた効率的、単一作物栽培に特化したことが招いた。一時的に収入が上がったかもしれないが、増産された国際商品に不可避な価格の暴落により、外資が撤退した後に残されたのはカカオ畑のみ。貧しくとも飢《う》えることがなかった現地の人を、商品経済に完全に組み込んでしまったことが飢えを招いた。

ビクトリア湖のナイルパーチ（スズキの仲間）も、同じ例といえる。グローバル化の化身《けしん》ともいえる競争力のある肉食魚ナイルパーチが外来種として持ち込まれ、それまでの四〇〇種もあった在来種を半減させ、生態系に大きな影響を与えた。

問題はそれだけでない。

確かに地域に大きな経済効果をもたらしたが、その一方で地域の伝統的な漁業や水産物の加工を衰退させ、湖に依存している地域社会をも荒廃させ、貧困などの社会問題を引き起こしたという。いずれも、産業的に豊かになった後に、飢餓《きが》が発生したという点で共通している。

効率性と生存権の対立については、農業にもいえるのではないか。

減反が開始され始めた一九六一年当時の河野一郎農林大臣に、事務方が米作の生産性を上げるために、水田の集約化を進める方針を説明した。ところが大臣は「理屈はわかる。しかし、農家は決して土地を手放さず、集約化は進まない」と言明したとのこと。

結局農家は、米作では食べていけなくなる中でも農地を手放さず、他産業用途へと転用し、新たな生きる糧《かて》を見出していった。

農業者や漁業者の生産手段である農地や海に対する想いは、時々の経済合理性などのレベルを超えた執念と考えるべきであろう。

宮城県知事が推し進める「被災地に市場原理を」は、漁業者にとっては「第二の津波」で、むしろ本物の津波より怖《こわ》い。

本物の津波は海を漁業者から奪わないが、「第二の津波」は海そのものを奪うのだから。

９０日は簡単ではなかった

５月（２０１２年）に熊野に来て、翌１月までの出漁日数が９０日を超えた。この９０日は、水産業協同組合法（水協法）に定める正組合員資格の下限日数で、また、漁業法の海区漁業調整委員会の委員の選挙権などの日数でもある。

それがどうした、そんなものわけないだろう、１年のうち４日に１日も漁に出ないで漁師といえるか。これが水産庁で指導室長として2007年の水協法改正を担当していたころの認識であった。その改正は漁業補償金がらみで漁業実態のない組合員の存在が問題になっていたことを受け、資格審査の適正化を図るものであった。

改正に当たり漁協系統から多くの意見が上がってきた。その中に真面目な専業漁業者でも日数を満たすのが難しくなりつつあるとあったが、自分がその日数を満たす側になって、初めてその意味がわかってきた。

地元の祭り後の宴会で、私が「ヤッター、９０日達成」的にはしゃいでいると、高齢の組合員の方が「だんだん難しくなってきたのう」

高齢の組合員の方がぽつりといった「だんだん難しくなってきたのう」

零下にもなる冬場の出漁は
高齢者の健康を考えればとても危険

とぽつりといった。冬季の出漁が高齢者にとって厳しくなって来ているのである。エビ漁は１０月から４月まであるが、満月の前後とシケで出漁できない日も含むと５ヶ月間、ほぼ毎日出漁する覚悟でなければ９０日は達成できない。

しかし、自分が出ているのでよくわかるが、零度以下にもなる冬場の出漁は、高齢者の健康を考えればとても危険。夏場に出漁といっても、夏場の魚は一般に値段が安く、その一方で燃油が高くなっていることから、比較的値段のよいカツオなどの漁場が近場に形成されればよいが、昔のように遠くまで高い油を消費し出漁日数を増やしに行くわけにもいかない。

高齢でも小型定置網を営んでいる組合員は夏場も漁に出られているが、漁船漁業の高齢者には厳しい状況が続く。

漁協の定款が改正され、資格審査委員会が設置されているのを現場で見ると、それまでの「指導通達」と違う法律の力というものを感じる。今後ともエセ組合員の排除は、断固やらなければならないが、一方で難しい現実もある。法律改正の当事者であるだけに、複雑な感情を抱かざるを得ない９０日である。

第七章　幸せの方程式

第一章の図２の付加価値の式は、別名漁業者向けに「儲《もう》けの方程式」と呼んでいる。

それを「国民の幸せ」を追求するのが仕事の政治家向けに、「儲け」を「幸せ」に置き換えたものが「幸せの方程式」である。

この式は、人間の幸せは、「①お金・もの」「②環境」「③欲（道徳）」で構成されるとし、特に、①と②が掛け算になっているところがポイントである。

市場原理主義者は、①の価値観を偏重しているが、これはアダム・スミスの道徳思想に反しており、②を軽視しては決して人間を幸せにできない。

また、旧ソ連のような社会主義国では、②の価値観を偏重していたが、その結果①の効率性が悪くなって、崩壊を招いた。

成長の限界を迎えた中にあっては、「強欲《ごうよく》」や「たかり欲」を経済の原動力にするのではなく、その対極にある「献身欲」や「自立欲」に基づき、①と②を一体的に考えて、幸せを追求していく必要がある。ゼロ成長を平和に生き抜いた、江戸時代の生き方に学び、第三の道を目指すべきである。

一・「儲《もう》けの方程式」から「幸せの方程式」へ

第一章で触れた図2（一四ジペー）の付加価値の式は、漁業者向けに別名「儲けの方程式」とも呼んでいる。漁業者は獲れば売れた時代が長く続いたため、目先の「量」のみに関心が行き、「質」と「コスト」をつい忘れがちになる。

資源も限界に達し、水産物消費も減少に向かった中、自分の経営状況を多方面から客観的に分析し、儲けの本質を見失わず「なにが問題で、なにをすべきか」を、自ら考えていただくための道具として「儲けの方程式」を漁業者にお勧めしてきた。

あるとき、私は松下政経塾に講師として招かれる機会を得た。

漁業の目的が「儲け」であるとすると、政治の目的は「国民の幸せ」。ならば政治家にも、日本の進路を考えるための道具が必要であろうと、「儲けの方程式」をアレンジしたのが図7の「幸せの方程式」である。

「儲け」を「幸せ」に置き換えて見ればどうなるかの、お遊び半分、頭の体操半分、の偶然の産物である。三つの項と掛け算・引き算でできた簡単な式であるが、意外にも使い勝手のよい道具として活用している。

まず、儲けの方程式から幸せの方程式への置き換えを、簡単に説明したい。

図７　幸せの方程式

（儲け）		（量）		（質）		（コスト）
幸せ	＝	お金・もの	×	環境	－	欲（道徳）
		・狭義の豊かさ：経済（所得・財産） ・ＧＤＰ ・経済成長率 ・生産性向上 ・貿易拡大 ・市場開放 ・景気対策 ・財政再建		①社会 ・国（国防） ・地域社会（治安） ・職場・学校 ・親族 ・家庭 ②自然 ・環境保護 ・地球温暖化 ③歴史・文化 ・和をもって ・村社会		（プラス項に該当） ①良い欲 ・本能的欲望 ②たかり欲 ・保護主義者 ③強欲 ・市場原理主義者 ④拒絶欲 ・異なる思考・文化拒否 （マイナス項に該当） ⑤自立・献身欲 ・自己犠牲

「量」を「お金・もの」に置き換えたのは、幸せを支える基本と考えたためである。

次に「質」を人間を取り巻く「環境」に置き換えた。環境といっても、それは狭い意味の自然環境だけではなく、家庭、職場などの人間を取り巻く社会環境という広い意味での環境である。人間は「お金・もの」だけではなく、これに囲まれて初めて幸せになるとした。

最後の「コスト」の項は、頭にマイナスがあり「お金・もの」と「環境」に恵まれながら不幸になる要因を当てはめるとすれば、それは心の問題、すなわち「欲」とした。

以下、項目の一つ一つを説明していきたい。

まず、「お金・もの」の項については、これまでの社会では、これを幸せ追求の第一に置き、その成長も長く続いたものの、近年限界が見え始め、国民は幸せの行く末に不安を抱き始めていると考えた。

これは漁業においても資源の限界に達するまでは、儲《もう》けのためには「量」がすべてに優先された点で類似している。

次に、「環境」の項の内訳を社会、自然、歴史・文化の三分野とした。人間は金・ものさえあればいいというものではなく、このような環境に恵まれて初めて幸せになる。

社会環境は、国、地域社会、職場、家族、親族など一人では生きていけない人間を支えるもので、国防や治安維持もこれに入るとした。

自然環境は、人間が幸せに生きていくための基本であり、経済開発行為などで失われる一方、積極的な環境保護策などで維持、または増進できる。地球温暖化は、「お金・もの」の拡大により引き起こされたもので、「環境」の劣化を無視したままでは、幸せは得られないとなる。量を求めていったら、質が下がってきたという点では、漁業で起こったことと一致する。

歴史・文化は、その国の国民性や国柄ともいえるもので、社会秩序の底辺にあり過去の歴史を踏まえ形成されたものと考える。

例えば、我が国最古の漁業法令といってもよい「大宝律令」（七〇一年）には、「山川藪沢《さんせんそうたく》の利、公私之《これ》を共にす」との定めがある。

現代風にいえば「山や川（海）の自然の恵みは、みんなで仲よく利用しよう」である。

欧米と日本の漁業管理制度の歴史的な成立ちで大きく異なるのは、ヨーロッパでは昔から湖や沼などの内水面は、領主の私的所有物であり、その魚も領主のものであったこと。一方、日本では海

自然の恵みはみんなで仲よく利用しよう

や川での漁業は、年貢《ねんぐ》は納めなければならないものの、魚そのものは無主物であった。日本漁業に市場原理主義を持ち込むことに反対するのは、海の共有資源が金さえあれば個人財産にできるなどは、日本の国民性や国柄に絶対ふさわしくないと思うからである。

日本人は昔から「和をもって尊しとなす」として「村社会」の伝統の中で共に生きて来ている。欧米とはここが一番違う。

アメリカは格差社会だと簡単にいうが、例えば上位一％の金持ちが、国中の富の三分の一以上を保有し、その額は下位九〇％の世帯の資産を合計したよりも多いとか、上位一〇％の世帯が全所得の四二％を手にし全資産の七一％を保有するとか、出典によりデータは異なるものの、いずれにしてもちょっと聞いただけではイメージがつかめない。やはり一対九九が最も格差を簡潔に表してる表現だと思う。

しかし、この格差も個人主義のアメリカンドリームの裏返しではないか。アメリカは歴史も浅くいろいろな国からの移民が作った国。そういう国では「和をもって」とか「村社会」とかはまだ醸成されていない。移民してきた人間が共有し得る価値観からすれば、格差も許容され、それにより国が保たれている。

だから、国柄によって考え方も違ってくる。

例えば、日本での高額役員報酬の開示は一億円が基準となっているが、アメリカから見ればまったく低い額。日産のゴーン社長の収入九億円も、世界的に見れば大したことない。逆にびっくりするのは「世界のトヨタ」の全役員の報酬がゴーン社長一人より少ないということ。トヨタは本当に日本の道徳感から成り立った企業で、これは後で触れる江戸時代の武士の価値観にも通じるものと思う。

幸せの方程式では「お金・もの」があれば幸せになれるかというと、計算式ではそうなっていない。ここが、この方程式の最も重要なところであり、

幸せは「お金・もの」と「環境」との「掛け算」になっている。

アメリカ的な感覚からすれば「お金・もの」と「環境」は「足し算」で成り立つ関係と思う。経済が発展し「お金・もの」が増えれば、必ず個人も国も豊かになるという考え方である。

しかし日本人の道徳観では、二つの項の関係は決して足し算にはならない。二つの項をパッケージとし、そのバランスで幸せを追求していくと考える。

例えば、高い塀に囲まれた豪邸に住み警備員を配置し、その中では安全で優雅な生活をしていても、塀の外に一歩出れば失業者とテロリストだらけの社会に住んで幸せと思うかどうか。

この質問に対し、それでいいのだと、それのなにが悪いの…、そう思う人が多い国は、格差も競争社会の当然の結果とする市場原理主義が価値観にピッタリする。

これはよい悪いじゃなくて、その国民がなにを選択するかということではないかと思う。

最後の「欲」の項について、ここの置き換えが一番苦労した。

この項の頭には、マイナスがある。「お金・もの」と「環境」の双方に恵まれた人でも不幸にな

る要因を当てはめなければならない。そこで、金持ちの家に生まれ家族関係などにも恵まれていながら、いつも不満だらけの人間を頭に浮かべた。

そこで思いついたのが「心」の問題であった。ということで、ここには「欲」を当てはめた。その欲をコントロールするのは道徳であり、これは表裏の関係にある不可分のものとした。人間の欲は、仏教の教えにもあるがすべて悪くはない。いい欲もある。人間がより豊かで快適な生活を過ごしたいという本能的欲望があるからこそ「お金・もの」を稼《かせ》ぎ、「環境」をよくしようとする。そのような善悪を超えた欲を「①本能的欲」とした。

●悪い欲を三つに分けた

次に悪い欲を三つに分けた。

まず「②たかり欲」は自《みず》ら努力すべきことを怠り、他人に依存しようとする欲とした。過大な医療・福祉や生活保護への支援を求めることなどである。役人の天下りも役所の持つ権限をその地位にあったことを私的に利用しようとするもので、社会システムにたかるという点では同じ範疇《はんちゅう》とした。

ただし、役人が退職後その知識や見識を社会に役立てること自体は決して間違っておらず、批判の的となっている高額な報酬を得ることなく、ボランティアで行うとなれば、これは後でいうよい欲の「献身欲」となり、むしろ国民の賞賛を得られるものとなる。

なお、この「たかり欲」は市場原理主義者が、保護主義者を批判するときによく使われる。

「③強欲《ごうよく》」は、逆に、市場原理主義者への批判に使われる欲である。

先般のアメリカにおける金融危機のとき、ＡＩＧは政府から莫大な支援をしてもらいながら、幹部が一億六五〇〇万ドルのボーナスをもらった。良心が傷まないのかと思うが、ヘッチャラとのこと。なぜかというと、納税者からもらった支援をしっかり返すためには優秀な人が必要で、それだけの金を払う必要があるからだそうだ。

では、そんな優秀な人ならもともと破たんするはずがないが、それには一〇〇年に一度の予期できないことが起こったためと平然といい放つ。

これはもう強欲のきわみだろう。

「④拒絶欲」は反捕鯨のグリンピースや死刑廃止のアムネスティなどが該当し、自分と異なる思想や文化の存在を認めようとしない欲とした。

自分の価値観を正しいものと決めつけ、それを他国に押しつけることが世界の地域紛争やテロの原因として一番多いのではと思われる。世界の安定を図るうえで最《もっと》もやっかいな欲ではないかと思う。

なお、シー・シェパードは反捕鯨の名目で南極まで出かけ、日本船へ暴力を振るう映像をインターネットで配信し、金儲《もう》けする団体なので分類としては「強欲」に属する。

しかし、ここで混同してはならないのは、一定の歴史・文化のもと秩序を保った国や社会に外部から異なる価値観が入り込む場合への拒絶欲は、生命体が持つ異物排出の自己防衛機能のようなものであり、それがないと不幸になることである。

例えば、経済界には人口減少が避けられない日本において、積極的に移民を受け入れるべきだと主張する者がいる。

一方、異なる民族との共生は、戦後七〇年たっても解決できていない在日韓国人・朝鮮人問題を見てもわかるように、互いに不幸をもたらすだけだと反対する意見もある。

この点で、参考にすべきはブータンではないかと思う。

国民総幸福量で有名な「ほほえみの国」ブータンで、意外と知られていない事実がある。それは、人権保護団体から批判を受けている隣国ネパール系住民の国外追放である。

一九世紀後半から二〇世紀初頭に経済的な理由から、多くの人々がネパールからブータン南部へ移住し、いったんはブータン国籍も取得した。しかし、ブータン人とは民族的にも宗教的にも異なることから、一九八〇年に導入された民族主義的政策の結果、ネパール系住民は国籍を失い、追放されることになった。

これを幸せの方程式から見ると「経済発展のためには労働力が必要」「貿易で生きるためには、世界から批判されるようなことはすべきではない」などの「お金・もの」重視の価値観より「環境」における社会の安定を脅《おびや》かす民族間の対立を軽視できないとする価値観が勝ったと評価できる。

国民の幸せは、強欲《ごうよく》や現実離れのきれいごとでは得られないことを、本当に理解していると思う。いつもなら人権を守れのマスコミが、「それがほほえみの国のすることか」と国王来日時になぜ批判しなかったのか、今もって不思議である。

●人間が本能的に持っている「自立・献身欲」

最後の「⑤自立・献身欲」は、②たかり欲、③強欲《ごうよく》と背中合わせにあり、他人に迷惑をかけないとか、他人のために尽くすとかいう欲で、前者をプラス欲とすればこれはマイナス欲となる。この項の頭にはマイナスがあるので、マイナスのマイナス、すなわち幸せの方程式上ではプラスに作用する欲となる。

人の世話にならないとか、人のために役立つ思いを「欲」と呼ぶのはおかしいし、ましてそれがなぜ幸せにつながるのかという指摘が当然出てくる。しかし、この欲はイヤイヤながら道徳教育などで事後的に身につけさせられたものではなく、人間自体が本能的に持っている合理性のあるものと考えている。

すでに述べた『利己的な遺伝子』でいう自《みずか》らを犠牲にするような行動には、その種全体を生き残らせる手段として、あらかじめ遺伝子に刻まれたものであるから「欲」といってもよいのではと考えた。

自立欲とは単に他人に依存しないだけではなく、自分らしく生きる欲でもある。

自分らしく生きるとは、他人とは違う価値観を持ってそれを誇りとして生きることである。サミュエル・ハンティントンが『文明の衝突』で、日本文明を世界の主要文明の一つとして区分しているように、日本は固有の国民性を有している。

このため、島国といえども可能な限り経済的・軍事的に自立して生きていくことが、日本人の幸せにつながると考える。

戦後の日本人が、たかり欲と強欲《ごうよく》を高めた原因は、憲法での権利と義務のバランスが欠けているためだという見方もできよう。

憲法では「自由」と「権利」という言葉が頻繁《ひんぱん》に登場するが、「責任」と「義務」はその半分以下しかない。これが、強欲を追求する「自由」や、たかる「権利」を増長させた。

一方、自立する「責任」や、献身する「義務」を低下させた。

悪い欲をよい欲より尊重したGHQ主導の今の憲法のもとでは、幸せの方程式の「欲」の項だけ取り出して見ても、日本人は幸せになれない計算値となっている。

●極限下の人間の幸せも説明できる

以上が幸せの方程式の概要であるが、この式をよく見ると、極端な例で「お金・もの」「環境」の項がゼロでも「欲」の項にマイナス欲、例えば献身欲が入れば人間は幸せになる。それが説明できないと方程式とはいえない。

そこで、いろいろ考えているうちに思い出したのが、ポーランドのアウシュビッツ収容所跡を見学したときの経験であった。

ナチス収容所の中では「お金・もの」はもちろん「環境」もゼロであった。

しかし、そのような中でも自分のことより、他人のことを思いやる人がいた。もちろん、その人は先に死んだが、幸せの方程式からすると幸せだったことになる。

一方、「カポ」というのもいた。カポとは、ユダヤ人でありながらナチスに協力した人のこと。ドイツの兵隊だけでは収容所の管理に手が足りず、実際の現場はもっぱらカポが管理をし、最《もっと》もユダヤ人を虐待したのは、なんと同じユダヤ人の彼らだったという。カポは、自分が生き残るという自己利益のためにその道を選んだ。

確かに「お金・もの」は得られたかもしれないが、同胞を裏切ったことによる「環境」の喪失《そうしつ》と、自己の利益のみを追求した「強欲《ごうよく》」により幸せの方程式上では不幸せとなり、実際もそうであったと思う。

このように考えると、幸せの方程式は「欲」という人間の心に関する項目があることで、極限下における人間の幸せについても説明できると考えた。

なお、幸せの方程式を考える頭の体操の途中で、ふと「幸せの相対性理論」も考えて見たことがある。発想の原点は、大金持ちにも問題や悩みがあり、決して金に比例し幸せになっていないように見えるのはどうしてだろうか、という素朴《そぼく》な疑問である。

そこから思いついたのが、アマゾンの原住民と文明社会の我々のような一般大衆、さらにビル・ゲイツのような超大富豪の三者においても、幸せの価《あたい》は皆同じではないかという法則である。

これを、光の速度はどこにおいても一定という法則にこじつけて解釈した。光速に近い宇宙船から光を発しても、その速度はやはり一定。それは、その光の存在する場の重力や時間が変化し光に作用することでそうなるらしい。

「お金・もの」も同じではないか。

ビル・ゲイツが三億円の宝くじに当たっても大してうれしくないのは、お金は、集まれば集まるほど、その場におけるお金の価値が相対的に下がるためであろう。贅沢《ぜいたく》な生活も慣れると、飽《あ》きが来る。二〇一一年度経済財政白書によれば、世帯年収四〇〇万円以上で幸せを感じるというアンケートへの回答を選ぶ確率が高くなり、それ以上の年収では確率の増加に大きな差はなく、幸福度には大きな影響を及ぼすわけではない、としている。

「強欲《ごうよく》」は決して満たされることがなくきりがない。よって、その強欲者が所有する「お金・もの」に一定の制限を加えても、本人の幸せ度には影響がほとんどないということである。

例えば、世界に冠たるトヨタの社長の年間所得を上限とし、それ以上の収入のある投資家や役員などには、その額を上回る金額に九九％の税金をかけても、本人が不幸になることはないということである。

このようにして、富を分散し、より多くの国民が、幸せを感じることができる年収、それ以上に達することができるような社会経済システムこそが、宇宙の法則にも通じるという大それた理論である。「一対九九」を是認するグローバル化は、「幸せの相対性理論」からしても間違っている。

二．「幸せの方程式」から見た市場原理主義

市場原理主義の元祖は、アダム・スミスといえよう。

彼の『国富論』によれば、個人による利益の追求が、その意図せざる結果として社会公共の利益をはるかに有効に増進するという。この理屈のとおりだと「お金・もの」の追求が自動的に「環境」にも波及し、必ず幸せになるはずだ。

しかし、現実は違う。

「お金・もの」は経済成長で増大したが、「環境」は格差拡大で低下した。

アダム・スミスは間違っていたのか。

いや、そうではなく新自由主義者が、彼が『国富論』より先に書いた『道徳感情（情操）論』を無視しているだけ。

『道徳感情論』では、人間は他者の視線を意識し、他者に「同感」を感じたり、他者から「同感」を得られるよう行動せよとしている。

つまり、「幸せの方程式」の「お金・もの」を追求するだけではダメで、常に「環境」を意識し、

さらに「欲」をわきまえよ、とちゃんと書き残しているのである。

ソ連社会主義がなぜ崩壊したかを、私のモスクワ勤務での体験も交え「幸せの方程式」で考えて見たい。

結論からいえば、「お金・もの」に問題があったからだと思う。

モスクワに赴任して間もないころショックな場面に出会った。商店の行列に並んでいる太った女性と男性のご老人が、つかみ合いのけんかをしていた。男同士だったらまだわかるが、それでも女性は必死で負けていない。原因は、列に割り込んだとか、割り込まないとかの、ささいなトラブルであった。

それを見て、もうこの国は長くはないと思った。

当時ソ連にはゴスプラン（国家計画局）という組織があり、国に出回るすべての商品の値段をそこで決め、例えば、コップの裏側には値段が刻み込まれていた。

しかし、現実は、膨大な数の商品を、政府が全部コントロールするなどできるわけがない。国民がなにを求めているかを把握するには絶対的に情報不足である。本当は二〇〇円でもいいものが一〇〇円で納品されれば、店頭には少ししか置かず、残りは全部闇市場に流し店員らが利ざやをかすめ取る。逆に一〇〇円の価値しかないものが、二〇〇円の値段だったらいつ行っても売れ残っている。

商品はあるが、ほしいものはない。

また、このような体制下では、労働者も新しいアイデアを出し、よい商品を作るために真剣に働くよりは、いかに楽して与えられる金を手にするかとなる。社会保障制度など必要がない建前になっていることから、資本主義国のそれとは異なるが、国や社会への漠然とした「たかり欲」が蔓延《まんえん》するようになったと思う。

このようにして、社会主義では「お金・もの」の効率性がだんだん低下してきた。せめて一党独裁のもと、富の公平分配という「環境」分野だけでもしっかり管理できればよかったが、実際は一部の党幹部が地位利用の強欲《ごうよく》で闇利権を持った不公平な社会であった。

アメリカとの軍拡についていけなかったこともあろうが、根本は「お金・もの」がダメになり、それに加え「環境」もダメになったのが国家崩壊の原因であろう。

ただし、評価できる点もあった。旧ソ連は、一〇〇以上の多民族で構成された国家で、昔から民族紛争の絶えなかった地域を抱えていたが、ソ連共産党の統一思想で民族間の「拒絶欲」はおさえられていた。当時からソ連が解体したら、チェチェンなどの民族紛争が勃発《ぼっぱつ》することはわかっていた。

話をアダム・スミスに戻すと、彼の都合のよいところをつまみ食いした強欲《ごうよく》な新自由主義により、世界の至るところで格差拡大という「環境」の悪化が進んでいる。

加えて、リーマンショックからの回復もままならないうちに、欧州危機やアメリカの国債格下げ、財政の崖など、再び不安な状況が発生し始めている。

このまま「お金・もの」も悪化すれば、新自由主義も崩壊への道をたどることになる。

なお、中国は一党独裁（社会主義）と市場原理主義が同居する、よくわからない体制であるが、アメリカを上回る超格差社会であり、ＰＭ二・五をはじめ自然環境汚染も深刻化し、暴動も頻発《ひんぱつ》していることから「環境」項が相当に悪化している。これまでは、経済成長でなんとか国民の不満をおさえ込んで来れたが、遠からず成長が限界に達し「お金・もの」も悪化し始めれば、崩壊の道をたどる可能性が高いと思う。

三．強欲《ごうよく》とたかり欲の相互依存性

●たかり欲が強欲を生み出した

我が国の経済と財政は、強欲とたかり欲により股裂《またさ》き状態にある。

強欲が作り上げたのが、格差の拡大と経済の低迷と思う。

たかり欲が作り上げたのが、手厚い社会保障施策や政府に頼る経済対策などによる膨大な財政赤字と思う。


この二つの欲は、市場原理主義者と保護主義者が、相手の批判に使うことからまったく対立する欲のようにも見える。しかし一歩突っ込んで考えると、二つの欲には依存関係というか、互いに相手に作用し合い、共に大きくなる共生関係にあるのではないかと考えざるを得ない。

そもそも新自由主義が導入された背景には、これを強力に推進したサッチャー首相時代の「英国病」がある。その慢性的な不況や財政赤字は、それまでの「大きな政府」「福祉国家」による、国家の経済への恣意《しい》的な介入と、政府部門の肥大化や高福祉政策がもたらしたとされた。アメリカでもスタグフレーション（経済活動の停滞と物価の持続的な上昇が共存する状態）が進行し、失業率が増大していたことから、レーガン大統領により同様の政策転換が図られた。

たかり欲が、強欲《ごうよく》を生み出したといえる。

ところが、その後新自由主義による弊害が目立ち始めると、「第三の道」と称し、ブレア首相やクリントン大統領により政策の一部修正が行われ、現在に至っている。現状を見ればわかるように、これは第三の道ではなく、強欲とたかり欲の中途半端な共生という見方もできる。

つまり二つの欲は互いが存在することで、都合のよい関係にあるといえないか。

強欲は儲《もう》け過ぎとの批判をかわすため、貧しい者への施しを行うポーズが必要となる。よって、たかり欲への対応には、自分が稼《かせ》がないとだれが税金を払うのかと切り返し、さらなる規制緩和を求める理由に使う。元を正せば、自分こそが失業者を生み出す原因を作ったことなど棚に上げて。

一方、たかり欲には、たかる対象として金持ちの強欲者がいたほうがよい。

「金持ちから金をふんだくり、皆さんにばらまきます」という選挙公約は受けがよい。しかし本音のところでは、どうかわからない。なぜなら革命で社会主義政権を打ち立てた旧ソ連がそうであったように、完全に金持ちを倒した後ではたかる相手がおらず、経済が低迷するのが目に見えているからだ…。さらにいえば、強欲については革命家も企業家も同じで、自己の利益追求の手段が違うだけ。なぜなら、過去も現在も、社会主義国家のトップやその取り巻きの贅沢《ぜいたく》さは皆共通している。資本主義国家における労働組合の幹部でも、優雅な生活をしていると聞く。そもそも革命を起こした背景や、左翼思想から考えれば、真っ先にそれを否定すべきと思うのだが…。モスクワ勤務のころ、頭角を表し始めたエリツィン（後の大統領）の党大会での演説が手に入った。そこで彼は、大衆は肉が少しで澱粉《でんぷん》だらけのソーセージにさえ行列している、それに対し我々党幹部は、西側の贅沢品を食べている、こんなことでは、命を懸けて革命を成し遂げたボリシェヴィキになんと申しわけできようかと。彼は「ジル」と呼ばれた政治局員クラスのみに許された高級乗用車に乗らず、地下鉄でクレムリンに通勤していたという。

これを聞いたとき、革命家も立ち上がりのときの志は立派であったかもしれないが、結局「強欲《ごうよく》」に負けてしまったという点は企業家と同じだろう。

商売のうまい者は、それで富を増やし、口のうまい者は、社会システムを乗っ取り、富を増やす。その違いだけではないかと思った。

●偽善寄付とエセNPOの悪しきコラボ

実際に私が体験したことで、強欲とたかり欲の悪しきコラボともいえる事例を紹介したい。

南極海の氷山。南極海の調査捕鯨監視船に監督官として乗船した
（平成 23 年 12 月～ 24 年 3 月）

東日本大震災の津波被害からの漁業復興の参考にするため、二〇〇四年に発生したスマトラ沖地震で、津波の被害にあったタイ国のプーケット近郊の漁村を現地調査したことがある。

その際の聞き取りでは、なんと二〇〇〇を超えるNPOが、世界中から支援活動に来たそうである。ところが、その中のあるNPOは、IDカードさえあれば義援金が得られるといい、村人のそれを預かると金はもちろん、IDカードすら返さず持ち逃げした。村人は後日大変困り、その後NPOに対して警戒心を持つようになったとのこと。

私は、NPOとは自己資金をもって支援活動をしている慈善団体と思っていたが、実際は、「こんな立派な活動をしますよ」と口先で寄付を集めて回る貧乏団体のようでもある。

しかも、その金を自分たちの給与などにも流用できるとのことで、実際に被災者に渡った額は不明だそうである。

増え続ける強欲《ごうよく》な金持ちが、儲《もう》け過ぎとの社会的批判をかわすために偽善の寄付を行い、一方、増え続ける仕事のない人々が、それを逆手にとってNPOを隠れ蓑《みの》に寄付にたかるというコラボである。

南極海で、私の乗った監視船を攻撃して来たシー・シェパードの小型ボートの乗組員も同じであった。その操船技術があまりにもうまかったので、何度も南極海に来ている乗組員に事情を聞くと、なんと彼らは軍の特殊部隊出身者らしいとのこと。軍を辞めた後、仕事がなくその腕を買われてのようである。

私の乗った監視船を攻撃して来たシー・シェパード

嘘八百《うそはっぴゃく》の巧妙な宣伝活動で、企業はもちろん、ハリウッドの芸能人などからも寄付を集め資金力を増すシー・シェパードは、また妨害船を増隻したとのこと。彼らは決して金づるとなる大企業を攻撃の標的にしない。狙《ねら》われるのは、世界各地の零細な漁業者や決して反撃して来ない日本船のみである。

すべての金持ちやNPOがそうだとはいわないが、グローバル化が進展し、格差社会が拡大するほど、偽善な寄付とそれにたかるエセNPOの悪しきコラボは増えることはあっても減ることはない。困ったものである。

●「真の第三の道」の政党の登場を

強欲《ごうよく》サイドに舵を切り、同時に財政赤字も増やした自民党政権小泉改革への反省を込め、期待された民主党政権も、どちらを向いているかわからずのまま終わった。法人税を引き下げ経済界を支援する一方で、子供手当などで福祉予算を増大させる…。

強欲《ごうよく》とたかり欲の双方によい顔をする政治であったといえる。

二〇一二年一二月の総選挙で登場した日本政治における自称第三極の「日本維新の会」も、強欲者のためのTPP参加を謳《うた》いながら、一方で、たかり欲向けに国から金と権限の移転（ふんだくる）だけで、中身のないイメージだけの「地方の時代」なるものを打ち出す。

さらに国会議員選挙の「一票の格差」問題では、単純な人口比例で選挙区定数を定めるべきだと主張する。それでなくても地方の人口は減り続けており、そうなれば国政は都会選出の議員ばかりとなり、ますます地方が衰退していく。

だれも好き好んで、都会に出て行ったのではない。仕事さえあれば、地方に住みたい人が多い。本当に地方の時代というなら、アメリカの上院のように都道府県ごとに同数の議員定数を割り振れと主張すべきだ。スローガンと具体的な主張とがまったくばらばらである。

こんな政党だらけでは、真面目《まじめ》に働き、儲《もう》け過ぎもせず、たかりもしない大多数の国民に選択肢はない。強欲《ごうよく》あるところにたかり欲あり、たかり欲あるところに強欲あり、の崩壊への連鎖を断ち切る「真の第三の道」を目指す政党の登場を、国民は待望していると思う。

四．オストロム教授の三つの道を考える

改めて、ノーベル経済学賞を受賞したエリノア・オストロム教授の「コモンズの悲劇」の解決策の三つの道を、幸せの方程式に当てはめて考えてみたい。

第一の道とは「私的所有権を設定し市場配分に任せる」である。

これは新自由主義の考え方にも通じ、「お金・もの」で幸せを追求する方法といえる。競争で効率性は高まるが、強欲で「環境」が悪化する。

第二の道は、「政府による管理」である。

すべての商品を政府が管理した旧ソ連にも通じ、「環境」で幸せを追求する方法といえる。社会的公平性・安定性は高まるが、「お金・もの」がうまくコントロールできず、たかり欲も蔓延《まんえん》し悪化する。

第三の道は、「共有資源に利害関係を持つ当事者による自主管理」である。一項と二項を一体化し、幸せを追求しようとするものと考えてよいだろう。ただし、その実現には利害関係者に「強欲《ごうよく》」の対極にある「献身欲」と、「たかり欲」の対極にある「自立欲」が求められる。

その理由は、人間の持つ「悪い欲」を経済活動の原動力としては、行き着くところまで行かざるを得ない。地球は有限なのでどこかで自己抑制が必要である。その自己抑制とは、悪い欲をコントロールできる道徳であり、それが「献身欲」と「自立欲」である。

逆からいえば、「道徳なきところに第三の道なし」ともいえよう。

次に、オストロム教授の第三の道における「利害関係者による自主管理」を、どう解釈するかである。漁業の場合の利害関係者は、同一資源を利用する関係漁業者であるが、一般的経済活動においては「同一市場を巡り競合関係にある企業間による自主管理」とイメージできる。

自主管理には、関係者間での合意形成が不可欠となる。競争による「排除の論理」からスタートしたのでは、自主管理は成り立たない。とはいえ、生産性の向上なくしては共倒れになる。

ということで、関係企業全体の生産性の向上を通じ、個々の企業をできるだけ存続をさせいくことがポイントになる。つまり「幸せの方程式」の「お金・もの」と「環境」の両方の項を、同時に眺めながら解決策を探っていくやり方である。

あえて批判を恐れずいえば「明るく透明性の確保された談合」である。

談合は、悪とだれでも思う。公共事業の談合は、厳しく糾弾《きゅうだん》された。しかし、その結果、効率のよい一部企業のみが受注し、多くの零細建設会社はつぶれ、地方に多くの失業者を生み出しただけで終わっては、入札価格が低下したとしてもその総合評価は難しい。「談合」には辞書で見ると、二つの意味があり、もう一つは単に「相談すること、話し合うこと」である。

とすれば「共生談合」は十分あり得る。

共生のための話合いよりも、競争のほうが常に正しいとは限らないから。

五．「幸せの方程式」から見た憲法第九条

●日本は一番大切な価値観すら失ったのか

唐突に、憲法第九条を持ち出したのではない。

島国に住む日本人が、目の前で国境を意識することはほとんどないが、海では国境を接している。

水産庁の監視船に乗り漁業監督官として、外国の漁船や官船と目前で対峙《たいじ》し、国と国との力を肌で

感じてきた経験から、どうしても、行き着くところが「憲法第九条」なのである。

北方四島で不気味にこちらをにらむ警備艇、竹島絡《がら》みで韓国に譲歩し、日本海に設定された日本の取締権限が及ばない広大な共同管理水域に、悠々《ゆうゆう》と逃げ込む密漁韓国漁船などを目の前に見て、日本という国は自分を守ることに腰が引けているというか、本当にふがいないと痛切に思うからである。

南極海で、シー・シェパードの危険な攻撃にさらされたときもそうであった。こんな暴力が、二一世紀の世の中にあってよいのかと思われ、まさに、国際法違反の無法地帯である。私の乗った監視船のプロペラの破壊をねらった太い鉄のワイヤーを船に引っかけるために使用した鉄パイプには、日本人を「ＨＵＮＴ」（ハント）するというメッセージが書かれていた。

水温がマイナス値の南極海で航行不能になれば、氷山にぶつかりタイタニックと同じく一巻の終わり。日本船が反撃して来ないことをよいことに、まるでウサギ狩りでもする気分で薄ら笑いの表情すら浮かべている。植民地支配で、有色人種を動物扱いにしてきた白人の本質はなにも変わっていない。正当防衛も許されず、逃げ回ることしかできない船員が、なぶり者にされている現実を見て怒りが湧いてこない日本人はいないと思う。

どうして、ここまで卑屈《ひくつ》にならねばならないのか。

多くの日本国民が、悔しい思いをした中国漁船の巡視船への体当たり事件の事後処理も同じであり、危険な目にあった海上保安官の心情は手に取るようにわかる。北朝鮮による日本人拉致被害者も現に生きているのに、それを奪還できない悔しさも突きつめれば同じと思う。

日本という国は、「国民を見殺しにはしない」という一番大切な価値観すら失ってしまったのだろうか。

●負け慣れていない国それが日本

人間にとって最大の不幸は死であり、その最も多い原因は病気。国全体としての最大の不幸は、外国から侵略を受けることであろう。

幸せの方程式では、国は「環境」の項の一項目に過ぎないが、「国民の生命と財産を守る」という義務を負っている点で、他のすべての構成要素の基盤となるものであり、国が崩壊しては、他の要素の価値も、一夜にして意味のないものになる。

生き物は、外部から体内に侵入した細菌・ウイルスには、白血球が立ち向かう。

国家は、外国からの侵略に武力を持って立ち向かう。

白血球のない生命体は、抵抗力や免疫力がなく死に至る。武力のない国は侵略される。

よって、憲法第九条下にある日本人は、白血球を抜かれた生命体のようなもので決して幸せになれない。

この当たり前の理屈に対し、

「九条を守ると、他国から侵略されない」、すなわち、

「白血球を持たないと、細菌は侵入しない」

と、憲法改正に反対する人がいるが、まったく理解できない。

一方、憲法第九条に「戦力はこれを保持しない」とあるのに、世界でもトップクラスの実力を持つ自衛隊が現存し、「あれは戦力ではない」とするのもまったく理解できない。

憲法第九条に関しては、保守・革新、右翼・左翼、親米・媚中《びちゅう》のいずれも「ごまかし」があるといわざるを得ない。ドイツのように憲法(基本法)を修正すればよい。なぜしない。それは歴史上の教訓がない、すなわち、

「負け慣れていない」からと思う。

モスクワ赴任前のロシア語研修で、講師から聞いた話が忘れられない。

その講師は、戦前ハルピンにあった日本領事館に勤務していたが、ソ連軍の侵攻で捕虜《ほりょ》となり、ロシア語の専門家だったため、スパイ容疑の罪を着せられ特別の収容所に送られた。そこにはドイツ人の捕虜もいた。敗戦に意気消沈し、共産主義に感化される日本人捕虜とは違い、彼らは「次は勝つぞ」といい、思想教育にも面従腹背《めんじゅうふくはい》で「負け方の立派さ」で比較にならなかったそうである。

あれほどの激戦を闘《たたか》った日本人の精神力が、いとも簡単にポッキリ折れてしまった。建国以来初めて異民族に占領され、GHQ検閲などによる徹底した過去否定の洗脳教育があったとはいえ、なぜか、そのトラウマは年月がたつほどに日本人の精神を侵している。

一言でいえば、幸せに対する自分の感情を素直に表現することができなくなったと思う。

精神医学的にたとえれば、原爆を落とした占領国アメリカに対しては、被害者が犯人に必要以上の同情や好意などを抱くストックホルム症候群に似た症状を発生してしまったようなもの。世界が列強か植民地かに二分され、侵略や併合が普通にあった当時の日本の行為を、今の価値観から糾弾する特定周辺国に対しては、ＤＶ（ドメスティク・バイオレンス）被害妻に似た精神障害を患《わずら》ってしまったようなもの。

それは圧倒的力を持った支配者への過度の依存感情と、過去のことはすべて自分が悪いと思いこむ過度の自虐《じぎゃく》感情との「依存・自虐合併症」である。

●ごまかし症候群の発症

第九条が合併症を悪化させたのか、合併症が第九条を存続させているのかわからないが、普通であれば第九条のもとでは不安で夜も眠れないはず。このため日本人は無意識のうちに精神の安定を図ろうと、以下のような「ごまかし症候群」を発症していると思う。なお、この症状を利用して日本人になりすまし本国の利益を図ろうとする者がいるが、これらは正気の確信犯であり、この範疇外《はんちゅうがい》である。

症状一：現実を見ない。考えない。

日本の周辺国を見れば、憲法前文の「平和を愛する諸国民の公正と信義」および第九条にある「正義と秩序を基調とする国際平和」などはまったくの虚構・幻想といわざるを得ないが、この現実から目を背《そむ》け考えようとしない。ダチョウの平和と同じ。

症状二：幸せの方程式の「環境」項に目をつぶり、「お金・もの」項に没頭する。

かつての「エコノミック・アニマル」もこれ。最も多くの良心的な日本人に発症している。

症状三：ニヒリズムに徹する。

国の成立ちの基本である国防すら、ごまかしでできているので、それ以上の守るべき価値観は今の日本にない。このため、社会規範や道徳にもその影響が及び、「絶対すべし」や「絶対するべからず」はなく、「できればしたほうが」「できればしないほうが」となり、危機に直面しても「どうにでもなれ」と傍観者的に冷めた目で見る。

症状四：自傷行為（自虐史観《じぎゃく》）による贖罪《しょくざい》。

勝った戦争ではすべてが肯定され、負けた戦争ではすべてが否定される。「すべて自分が悪いから」と思い込むことで、夫の暴力（周辺国からの批判）を肯定化しようとするＤＶ被害妻の症状に近い。国際法に違反した民間人大殺戮《さつりく》の広島原爆死没者慰霊碑の「過《あやま》ちはくり返しませんから」の主語を日本人と解釈するのもこれ。韓国のなんでも自分が正しく、日本が悪いはこれのまったく逆の症状である。

症状五：日本に敵対行動をとる周辺国に対し媚《こ》びる。

アメリカ兵の不祥事には徹底抗議するが、領土を侵す周辺国から来た外国人の国内犯罪にはまったくスルー。これは、アメリカは日本を守っても、攻撃しないという依存体質が根底にあり、そのうえで日本を侵略しかねない周辺国には、悪く思われたくないとする甘え行動ではなかろうか。

症状六：自国を積極的に批難する。

媚《こ》びるだけでは足りず、過去を誇張しまたは歪曲《わいきょく》・ねつ造してでも自国非難《ひなん》を行う。日本国内からの南京大虐殺や従軍慰安婦問題の提起はこれ。仲間を痛めつける姿を見てもらうことで、自分だけは生き延びようとしたナチス収容所のカポに似た行動としかいえない。

症状七：世界市民への逃避。

自国を否定し居所をなくしたうえでの苦肉の策として、進歩的で世界平和を願う世界市民というごまかし。

以上のような「ごまかし症候群」が悪化する前の、戦後の早い時期においては、自衛の戦力まで放棄させた憲法第九条に対し、保守から革新までの各政党とも自主防衛の必要性から憲法改正を当然のこととし準備をしていた。

今の日本人に、この当たり前の感覚をどうすれば取り戻せるか。

病気を直すには、まずそれを自覚することが第一歩で、日本人が覚醒し、病気と正直に向き合うようにするしかない。本来ならマスコミこそがその役割を果たすべきところ、ご本人が最《もっと》も「ごまかし症候群」を患《わずら》っている現状では、期待薄である。

●結局高くついた「お金・もの」の偏重

戦後において、憲法改正のチャンスがなかったわけでもない。アメリカも朝鮮戦争が始まると、憲法第九条はやり過ぎだったと思うようになったが、日本側からそれを改正しようとしなかったという。

それは当時の吉田首相が、アメリカに防衛を任せることによる軍事費の軽減分を経済発展に使えるとの意図から、その後も日米安保協定に頼った「商人国家」の道を選択したためである。焼け野原からの出発としては、「お金・もの」の項に重点を置いた生き方も一つの道であったろうが、いつまでもそのようなうまい話が通用するわけがない。当然アメリカは駐留費の負担を求めて来るようになった。

しかし、最大の弊害《へいがい》は、常に経済と防衛問題が絡《から》められ、アメリカが日本を守っているのだから、経済の部分ではアメリカに譲歩せよとの主張が、双方から起こるようになったことである。

対米貿易黒字問題もあり、すでに触れたように日米構造協議などで多くの要求を飲まされ、それが我が国の深刻な経済財政状況の大きな要因となっている。

「環境」の項を他人任せにすることで「お金・もの」の項に専念でき、安上がりの防衛費であったところが、結局は高いものについて来ている。

それは、現在進行形のＴＰＰ参加問題にも見られる。

国内の大きな反発をかわすためか、いつの間にか中国の軍事的拡大に対抗する日米同盟のために不可欠などと、経済問題に軍事問題を絡《から》め、だからやむを得ない的な論調が多くなって来ている。国防という幸せの方程式の「環境」の項の中でも、最も重要な事柄に、真剣に取り組まないから、「お金・もの」の項でそのツケを払わされている。

アメリカにとって、中国は最大の国債購入国である。自分を自分で守る気もない日本のために、経済を犠牲にし、そのうえアメリカ兵の血まで流すのだろうか。いざとなれば、日本の頭越しに中国と手を結んだニクソンショックの二の舞にならないか。

金は召し上げられ、国は守ってくれないでは虻蜂《あぶはち》取らずである。

先進諸国の国防費はＧＤＰの約二〜三％であり、一％の我が国はどう見ても手抜きである。国防費の四割は人件費であり、国防費を増額することは雇用対策、地方の振興にもなり、さらに関連産業の先端技術開発にも大いに寄与する。零《ゼロ》戦を作った日本人が再び本気で兵器開発に取り組めば、周辺国も今ほどの好き勝手はできなくなる。

なによりも、国民の安心・安全という幸せにつながる。

迷走する普天間基地問題も根本は、戦後七〇年近くになってもまだ外国軍が駐留し続けていることへの沖縄県民の強い不満からではないか。これが自国軍となると、大きく受け止め方が異なって来ると思われる。

アメリカとの同盟関係は維持しなければならないが、もういい加減に駐留軍を国外に移転させ、自主防衛すべきと思う。

自《みず》らを守るのは自らの責務であり、誇りでもあるという原点に戻り、その上で経済分野での選択すべき道を考えるという、幸せの方程式の「お金・もの」と「環境」のバランスを念頭において国の方針を決定すべきである。都合よく切り離すことはできない。むしろ、
健全な自主防衛力こそが、健全な経済分野における国際関係をも構築する。

憲法第九条下にある限り、アメリカの意向に逆らえず、TPPにも参加せざるを得なくなるだろう。このため、地方経済の疲弊《ひへい》と農山漁村の過疎化はいっそう深刻化する。まったく関係ないことと思われようが、憲法問題と地方・過疎化問題は根底で強くリンクしていることに、日本国民は気づかなければならないと思う。

地方経済の疲弊と農山漁村の過疎化はいっそう深刻化する

六．日中問題を「幸せの方程式」で考える

尖閣《せんかく》問題に象徴される日中間の現状を幸せの方程式に当てはめると、「お金・もの」と「環境」の対立関係を現す典型的事例である。

●「お金・もの」と「環境」の対立

例えば、米倉経団連会長は、二〇一二年九月、尖閣問題の真っ最中に北京を訪問して中国共産党の要人と会談し、「尖閣は日本固有の領土であり、日中間に領土問題は存在しない」という日本政府の公式見解を非難《ひなん》し、「中国がこれほど問題視しているのに、日本側が問題ないというのは理解しがたい。民間の交渉なら通らない。あまりおっしゃってもらいたくない」と発言した。

一方、石原都知事（当時）は、自らの言動が日中関係を悪化させているとの指摘に対しては「経済利益を失ったっていい。あの国の属国になることのほうが、私はよっぽど嫌だね」と話したとのこと。

「お金・もの」か「環境」か、いずれに重点を置くかの見事な対立である。

今の日本が戦後のように住むところもなく、その日の食事にも窮《きゅう》する経済状況にあるならまだしも、国の基盤である領土を失いかねない状況においてすら「お金・もの」を優先することは、明ら

かに「幸せの方程式」から見るとバランスを欠いている。

中国との間で武力衝突が起これば、我が国にとって戦後初めての国家的危機となり、経済に与える影響は、東日本大震災をはるかに上回るものとなることは間違いないだろう。さらに、アメリカがいざとなって巻き込まれるのはご免《めん》となにもしないことも十分あり得る。

しかし、このくらいのことがなければ、敗戦でもたらされた「依存・自虐《じぎゃく》合併症」から日本人は目覚めることができない。むしろ今の日本は、アメリカの呪《のろ》いにかけられているといった表現のほうがぴったり来るかもしれない。物語に出てくる呪いにかかった人間には自覚症状もなく、正気の人がなにをいっても、まったく通じない。白馬に乗った王子様が現れて呪いを解いてくれることがまったく期待できない国際情勢下で、残された方法は、日本侵略を狙《ねら》う周辺国からの強烈な刺激しかない。

見方を変えれば、中国問題は我が国が正しい道を進み始める重要な転機になると考えられる。呪いが解け正気に戻った日本人はなにを思うだろうか。まず、「お金・もの」優先の政策を進めたことへの反省が明らかになる。

そもそも、中国が南シナ海を含め領土・領海紛争を起こす侵略性の強い覇権《はけん》国家になったのは、経済力の進展を背景とした軍事力の強化にあり、その手伝いをしたのは、他ならぬ日本を含む経済先進国である。

この点においては、アメリカにも責任がある。

皮肉なことに冷静構造を終わらせたレーガン大統領を支えたブレーンが推進した新自由主義が、旧東側の安い労働力を目当てに進出し、グローバル化を推進した結果、新冷戦到来ともいえる社会主義軍事国家・中国の台頭を招いたのである。

一党独裁、チベット、ウイグルでの弾圧など人権無視の覇権《はけん》国家が、アメリカ国債の最大の購入国となっており「お金・もの」のために「環境」を軽視した「悪魔との取引」のツケをアメリカも支払わされることは間違いない。

戦前にも、中国大陸を巡って日本をおさえ込むために国民党政権を支援したが、その結果が共産党政権の樹立につながり、自国の安全保障体制を脅《おびや》かす勢力を作ってしまった。

アメリカはどうも目先の欲に駆《か》られ、もっと大きなリスクを背負い込む外交をくり返しているような気がする。

これを契機に、新自由主義の進めた経済至上主義であるグローバル化に歯止めがかかることは、大変よいことである。

それ以前に、自由貿易促進の国際機関が、倫理規定をしっかり決めてそれを実行していれば、こんなことにはならなかったはずである。

今こそアダム・スミスの『道徳感情論』を読み返し、倫理も道徳も軽視した現行自由貿易ルールを直《ただ》ちに改めるべきであろう。

中国との貿易関係が途切れることで、中国に移転した工場からの安い製品がなくなり、短期的には消費者にとって痛手となろう。しかし、よく考えれば、過去中国に進出した一万九千社にも上る我が国の企業が、国内回帰すれば、ものの価格は高くなるが同時に雇用が増える。

これで、我が国はデフレからの脱却と、雇用の拡大が一挙に達成できる。

工場の一部はアセアン各国に移転するだろうが、中国に落とした金で自分の首を絞める縄を作られないだけましである。

くり返しになるが、中国との武力衝突は間違いなく日本人を「依存・自虐《じぎゃく》合併症」から覚醒させ、我に返るきっかけを与えると思う。

そうなれば、憲法改正は時間の問題である。

●最《もっと》も危惧《きぐ》される棚上げ論

なお当然であるが、尖閣には領土問題は存在しない。経団連会長のように、外交問題として解決しようなどといったらおしまい。その翌日には、沖縄本島にも同じようなことをいい始め、そのうちどんどん北上し種子島あたりまで同じようなくり返しになるのは目に見えている。

なぜなら中国のいう「尖閣《せんかく》は俺のもの」にはなんの根拠も道理もないことは、中国自身も重々承知のうえのことであり、ただ、

「文句をいえば外交問題になる」

からである。

中間線を越えた大陸棚の境界に対する中国の主張も同じである。国連海洋法条約において、向かい合った国の間の境界は、「衡平《こうへい》（つりあいがとれること）原則で決める」とあるのをいいことに、自分に有利なつりあいを主張し、中間線を越えて沖縄トラフまでとしている。

しかし、国連海洋法条約の大陸棚の部分の規定は、旧大陸棚法が移設されたものであり、その旧大陸棚法では向かい合った国の間の境界は「中間線」と明記されていた。現にロシアと日本との境界は中間線である。ついでにいえば、領海も中間線と国連海洋法条約に明記されている。

中国がいう大陸棚の延長論は、向かい合う相手国がない（すなわち四〇〇カイリ以上離れている）場合に、二〇〇カイリ以遠に認められる権利を悪用したまったくのデタラメである。

これを認めると、ロシアが日本海においても同じ主張をして来かねない。

三年間モスクワで当時の日ソ漁業交渉を、大使館の書記官として担当した経験からいうと、これらは隠語で「引っかけ」という外交手法である。当時のソ連漁業省は交渉で大筋がまとまり、細部の詰めの段階に入り、日本側がほっとしたところを見計らい、今までいっさい触れなかった難題を突然突きつけてくる。ダメでもともと、日本が引っかかればもっけの幸い。

交渉ルールや国際信義への違反など、痛くも痒《かゆ》くもない一党独裁国家共通の外交手法である。

仮に、日本の政治家が「海南島は日本のものだから返せ」といったら、中国よりもまず、日本国内から徹底的にたたかれる。それがない独裁国の政治家は、いいたい放題でなんのリスクもない。

そのような国と交渉慣れしていない者は、ここまで来たのだから全部がダメになるよりはと、まったく道理が通らない要求にも譲歩する。そして、日本国内からの非難《ひなん》には「外交は相手のあることなので」のわけのわからない常套句《じょうとうく》で責任逃れをする。

しかし、このやり方で何度も痛い目に遭《あ》わされた交渉経験者は、「ではさようなら」と帰国便に乗るため飛行場に向かう。そうすると見送りと称して、ソ連の交渉団長が飛行場に来ており、そこで原案のまま調印となる。

そのような現場を、何回も経験させられた。

日本人はなにか問題が起こると、相手と話し合い、それを解決しなければならないと思う。日本人同士の町内会のトラブルならそれでもよいが、外交における「いいがかり」には「いっさい交渉しない」「決裂させる」が、はるかに国益に合致する。

では、武力衝突になってよいのかという「ごまかし症候群の症状五（日本に敵対行動をとる周辺国に対し媚《こ》びる）」に基づく反対意見が必ず起こるが、それでも、
いっさい交渉すべきではない。

わかりやすくいうと、中国には暴力的な「押し売り」への対処方法が一番よい。

玄関さえ開けなければ、ドアが蹴破られる程度の被害で済むが、怖くなって開けたら最後、家中の金が合意のうえで巻き上げられ、警察に被害届も出せなくなる。

なお、ドアを開けたがる国内の媚中《びちゅう》派から提案されることで最《もっと》も危惧《きぐ》されるのは、日中・日韓漁業協定で設定した共同管理水域的な解決方法、すなわち、日本にとって限りなく黒に近い灰色の解

決方法である。

これは形だけ、互いの領土主張に関する対立に触れない枠組み、いわゆる「棚上げ」とし、実質的に日本の主権を放棄した協定である。実態も共同管理水域とは名ばかりで、日本船は漁具を切断されるなどの無謀《むぼう》操業で閉め出され、中国船、韓国船が事実上漁場を独占し、世界一の乱獲の海と化している。

これらの協定は、漁業者の強い反発にもかかわらず「漁業ごときのために友好を傷つけたくない」との理由で締結されたもの。再び「人の住まない島ごときのために」との理由で、同じことをくり返すのは絶対避けるべきである。

我が国の実効支配下にある尖閣の解決方法には、黒も灰色もない、あるのは白か赤のみである。

七.「幸せの方程式」から見た領土の価値

次に、北方領土、竹島の二つの領土問題を考えると、今は解決の時期ではないと思う。その理由は、今の日本では「島を守りきれない」ことと、「利用しきれない」ことの二点からである。

一点目の「帰ってきた島を守りきれるか」は、憲法第九条の問題であるが、尖閣の現状を見てもそれはおぼつかない。領土問題は外交で解決が基本とはいえ、外交の背景には軍事力がなければならないことは世界の常識である。

よって、憲法第九条下にあるような日本に、そもそも相手国が島を返すことが考えられないのに「守りきれるか」は意味のない想定であるかもしれないが、「守れる国」になって初めて領土交渉を行う資格のある国になると思う。

でないと、相手国に失礼である。

返した途端、またどこかの国が「その島は俺のもの」といい始め、横取りされては、相手国もたまらないだろうから。

特に、北方四島については、二島返還論や面積半分の三島返還論などが聞こえて来ているが、その決断時期は日本が力を持った憲法改正後であると思う。また逆に、あり得ない話かもしれないが、ロシアから四島返還の見返りに、中国牽制《けんせい》のための同盟関係を締結するよう求められたとしても、憲法第九条がある限りそれができない。

北方四島問題さえ解決すれば、日露間には大きな国益の対立は生じないと思う。

なぜ、そう思うかというと、ロシア人はやはりヨーロッパの民族であり、将来にわたり極東部に多くの人間が住むことはないと思うから。また、そこの広大な土地に資源があり、足りないものを補い合う貿易の原点からしても、日本と極東は将来にわたり、互恵関係にあると思うからである。

シベリア抑留も含め、日本人には恨《うら》みは山ほどあるが、不思議とロシア人に反日感情というものを感じたことがない、などからである。

いずれ我が国は、アメリカへの軍事的依存度を低下させざるを得ない時期が必ず来るが、そのときに中国大陸と朝鮮半島にどう対峙するかの、いわゆるパワーバランス上においても、これは検討に値するのではないかと思う。

●今は領土問題の解決の時期ではない

問題は二点目。

仮に、領土が返還されたらなんのメリットがあるかである。もちろん、漁業にとっては優良漁場が戻って来るのでありがたい。

しかし、それ以外ではなにがあるか。

私が住んだ三重県下の過疎の漁村は、人口は一五〇人でピーク時から三分の一となり、ほとんどの住人が六五歳以上、子供は一人もいない。さらに近隣の村では一八軒のうち二軒しか人が住んでおらず、昼間でもシーンと静まり返り、お住まいの方に申しわけないが、何か不気味ささえ感じる。前浜の景観がすばらしいだけに、間もなく消滅してしまうのは誠に残念である。

漁村部はまだよいほうで、一九六四年の外国材の完全自由化で壊滅《かいめつ》的打撃を被った山村部の過疎化は、さらにひどい状況である。

我が国で過疎化が起きた主な原因は、戦後の高度経済成長を支えた基幹産業地域となった、太平洋ベルト地帯への労働力としての移動である。第一次産業就業者が五割以上を占めていたことを考えると、同じ国の中での産業構造の変化として、ある程度やむを得なかったともいえる。

しかし、問題はその後、村に残った人がなぜ生活を維持できなくなったかである。それは、安価な第一次産品の輸入増加で産業基盤が切り崩されたことによるため。過疎化は、地方が我が国経済発展のために、初めは労働力供給地として、次は輸出促進の見返りとしての輸入産品市場の開放として二回利用されたために起こった。

都市の視点では、我が国は高度経済成長を遂《と》げたかもしれないが、過疎地から見れば高度衰退経済そのものであった。

狭い国土で多くの人間が生きる日本ゆえの資源不足を補うための貿易といいながら、実際は安い外国木材の輸入自由化で林業を崩壊させ、その狭い国土の七五％を占める森林すら、ほとんど利用できないようにしてしまった。

おかしなことに、資源不足の国が、その乏しい資源すら利用できなくしてしまったのでは、本末転倒の話ではないか。

そのため、手入れされず荒れ果てた森林から、シカ、イノシシ、サルなどが人里に出てきて、過疎の村の高齢者が細々と作る自給用の野菜や果樹すら食い荒らされる状況となっている。にもかかわらず、過疎地での災害復旧のための道路工事などは、税金の無駄《むだ》だ、限界集落に住んでいる人を一カ所にまとめて移住させよなどの意見もある。

一体だれのためにそうなったのか。なんの落ち度もない地方の住民を犠牲にして、今日の日本があるのではないか。

偉そうな口がきける立場か。

自分が実際に住んで、そのような過疎地に対する発言には、強い怒りを覚えるようになった。

このように、国土利用のあり方を「お金・もの」の効率性のみで判断してきた日本人は、北海道のさらにその先にある島を一体どう利用しようとするのか。

今のような経済のあり方のままであれば、島の返還後、即《そく》過疎地指定であろう。

領土とは一体何のためにあるのか。

人間が住み、働き、子供を育て、生きていくためにある。

とすれば、それが不可能な地域は領土ではない。

物理的な面積は変わらずとも、日々領土を自《みず》から狭くしているのが今の日本ではないか。

戦前には尖閣《せんかく》にカツオ節の工場があった。

仮に、漁業が今のように衰退していなければ、中国も日本人が住んでいる島を俺のものとはいいにくかったはずである。国内の媚中《びちゅう》派にある「人も住まない島のため」もいえなくなる。

旧ソ連時代、シベリアや極東の地域には、二〇、三〇代の若い夫婦とその子供が住民のほとんどを占める町が多くあった。それは、環境の厳しい地方で働く場合には、都市部より高い給与が与えられていたため、若いときにそこで働きお金を貯め、その後ヨーロッパ部の都市に戻って行ったのである。日本の漁村でも、若い人が多く残っているところは、例外なく漁業収入がよい。今の日本のように経済全体がグローバル化の方向に進み、「お金・もの」の効率性で地方を切り捨てていく「環

境」軽視の状況下においては、
戻ってきた領土を活用することはまったく期待しがたい。
よって、今は大きな譲歩や、見返りを提供した領土問題の解決の時期ではないといわざるを得ない。

八．江戸時代の再評価

●清貧だった支配者階層

江戸時代は、二七〇年間ほぼ鎖国状態にあった。成長の限界を迎えたミニ地球だったといえる。にもかかわらず、三千万人近い人口を維持し、当時の江戸は世界最大の都市であった。

農薬も化学肥料も耕耘機《こううん》もない時代に、どうしてそれができたのか。人糞《じんぷん》のリサイクルをはじめ、あらゆるものを徹底的にもったいない精神を生かし、再利用した自己完結・持続型の経済社会であったためであろう。

「成長なきところに幸せなし」という新自由主義者の価値観から見れば、江戸時代は、みんな不幸だったことになる。

しかし、幸せの方程式のとおり、江戸時代の人々は「お金・もの」が増えなければ「環境」を増やし、それが多様な庶民文化の発展をもたらしたと思う。

グローバル化が「お金・もの」の効率性を求める社会であるとすれば、江戸時代は「環境」の効率性を最《もっと》も高めた社会であったといえる。

一番感心するのは、江戸時代の武士の価値観である。

世界の歴史の中で、支配者階層があれほど貧しかったのはあまりないのではと思う。いまの強欲《ごうよく》資本主義社会の対極に当たる「清貧」の価値観が尊ばれる社会であったといえる。

当時の末端武士の郷士では、現在に置き換えると、生活保護家庭より若干上の二七〇〜二八〇万円ぐらいの年収だったようだ。

さすがに旗本の最高ランクでは、四〇〇〇万円ぐらいあったらしいが、使用人も三〇人近くいて、結局家族四人程度で五〇〇万円ぐらいしか使えなかったという。これは、皇室においても同様で、質素な生活をされていたという。

ヨーロッパの王族や貴族の、夜ごとの舞踏会の絢爛豪華《けんらんごうか》さとはまったく違うし、当時の清や李氏朝鮮の支配者階層とも違う。

アメリカの初代駐日公使のタウンゼント・ハリスが残した「日本滞在記」によれば、江戸での将軍・徳川家定との謁見《えっけん》において、「私の服装のほうが彼のものよりもはるかに高価だったといっても過言ではない」としている。

また、一般民衆には欧米社会のような貧民はいない。将軍から町民まで、「同じ人間だ」という意識が浸透していたとし、具体的に、下田の印象を次のように書き残している。

花園は当地ではみられない。蓋《けだ》しこの土地は貧困で、住民はいずれも豊かでなく、ただ生活するだけで精いっぱいで、装飾的なものに目をむける余裕がないからである。それでも人々は楽しく暮らしており、食べたいだけ食べ、着物にも困っていない。それに、家屋は清潔で、日当たりもよくて気持ちがよい。世界の如何《いか》なる地方においても、労働者の社会で下田におけるよりもよい生活を送っているところはあるまい。

確かに、贅沢《ぜいたく》さでは、身分的に一番下の「商」の階層の豪商が該当した。平均的にいえば、大工などの「工」のほうが「士」より収入がよかったともいう。明治維新において、武士がその身分的特権を放棄したのは、経済的に困窮し、武士として体面を保つための支出に耐えられなくなっていたためともいわれている。コメ本位経済から貨幣経済への移行ができなかったとか、中には越後屋にたかる悪代官もいたかもしれないが、「お金・もの」への強欲《ごうよく》を抑制する武士の価値観は一体どこから来たのか。

武士道という究極の「献身欲」が、それをコントロールしたのであろうか。

江戸時代がゼロ成長下においても安定した平和な社会であったのは、この武士道と貿易対象国を限定（決して鎖国をしていたわけでない）したことに秘訣があったのかもしれない。

支配者階層への富の偏在がないということは、限られた富が各階層間に均等に分配され、日々の庶民生活に役立つ物資の生産など、実体経済に金が回り、限られた富でも、多くの人の生活を支えることができた理由だと思う。

さらに、外国との貿易が限定的であったことが、変動要因の少ない安定した社会と経済を生んだ。キリスト教の布教を恐れただけではなく、国内需要を国内生産である程度満たすことができる勤勉性が日本人にあったゆえの選択との見方もある。

また、江戸っ子の「宵越《よいごし》しの金を持たない」といった風潮は、給与の使い道できわめて乗数効果が高く、金の巡りのよい経済である。

仮に、今日本人がこのような生活をしていたら一四〇〇兆円の個人資産もないが、政府による一〇〇〇兆円の国の借金もなかったろう。

しかし、「宵越しの金を持たない」を可能にするには、明日も働くところが必ずあるという安定経済への信頼感が絶対に必要となる。仕事を保証するには、生活圏内における相互依存・自立経済がしっかりしていなければならない。

ところが、今は違う。富の偏在はますます拡大し、「お金・もの」を海の向こうの見ず知らずの人びとに依存するゆえに、世界情勢や為替の変動に翻弄《ほんろう》されている。

また、国内では、いつ解雇されても文句のいえない、雇用制度への転換が進んでいる。

このような、江戸時代と正反対の方向に向かっているグローバル化の時代にあっては、安定経済への信頼感など到底無理である。

これでは個人消費が、伸びるわけがない。

江戸時代とは、幸せの方程式でいえば、「お金・もの」が限られていても「環境」の安定や「欲」の抑制でバランスをとっていたといえる。それは幕末に日本を訪れた多くの外国人が書き残した中にある、

「貧しくともいかにも幸福そうであった」

という点に裏付けられていると思う。

このように、ゼロ成長を生き抜く智慧《ちえ》は、江戸時代に進化したが、開国後の経済成長や海外進出で退化していったといえる。

現在の世界を見ると、経済先進国は、すでに経済成長は限界に達し、一方、経済新興国の中国やインドなどにおいても、急激な経済成長で深刻な環境問題を引き起こしている。

これらの国の経済成長にあやかり、日本も成長しようなどという虫のよい話は、彼らの健康を犠牲にしてうまい汁を吸おうとすることであり、今後は通用しない。

むしろ人類全体としては、経済成長そのものを抑制しなければならない事態に差しかかっているのではないか。

そういう今だからこそ、江戸時代を再評価すべきと思う。

江戸時代とは、世界の歴史上、人類の生き方として最《もっと》も進化した「幸せの方程式」の時代であったと思う。

ハリス公使の『日本滞在記』に、神奈川から川崎に向かう途中の様子が、以下のように書かれている。「TPPで平成の開国を」などといっている人はよく読んだほうがよい。

見物人の数が増してきた。彼らは皆よく肥え、身なりもよく、幸福そうである。一見したところ、富者も貧者もない……、これが恐らく人民の本当の幸福の姿というものだろう。私は時として、日本を開国して外国の影響をうけさせることが、果たしてこの人々の普遍的な幸福を増進する所以《ゆえん》であるか、どうか、疑わしくなる。

住んでわかった生活環境

昔、水産庁の漁港部（当時）が漁村の生活環境整備事業を行っているのを知り、海の役所がなんでそこまで手をつけるのかと思った。実際に漁村に住んで認識不足を恥じた。

H町は山と海に挟まれた狭隘《きょうあい》な土地に、家屋が密集した典型的な漁村集落。私が住んだ借家は斜面に階段状に張り付くように建てられた３軒の家の一番上。中型の冷蔵庫を運び込もうとしたら、石段が直角に曲がったところでつかえた。最後はなんとかなったものの、もし大型冷蔵庫を買っていたらとぞっとした。私の家が３階相当とすれば、１０階くらいのところにも家がある。若い人でもたどり着くだけで、膝《ひざ》が笑う狭い石段を、高齢の方が一段ずつ荷物を置いては登っていく。広い庭先を持つ農家とはまったく造りの異なる漁村集落の苦労である。

H町で久々にご対面したのが「ポッチャン便所」。私も子供のころの経験はあるが、今さら水洗便所の快適さを思い知らされることになった。敷地内に浄化槽を設置するスペースもないため、今もっ

若い人でもたどりつくだけで
膝が笑う狭い階段

今の集落環境をできるところから快適にしていきたい

て多くの家が海に優しいエコ便所。経験のない若い世代、特に女性には相当の抵抗感があるらしい。私も水産庁に陳情する機会があれば、ぜひ共同の浄化槽の整備をお願いしたい。

外から見ると、そんな狭いところに住まないで、車もあるのでどこか近くの広い土地に引っ越してはと思うだろう。沿岸漁業は仕事と生活の場とが密着していて初めて成り立つ。忙しくなれば、船と家との間を何度となく往復する。沖合や遠洋の操業形態とはまったく違う。漁業や漁村の形態は全国さまざまで、津波に強い漁港や漁村への復旧が東北でどのように具体化しているか承知していない。しかし、H町で職住分離をやると、沿岸漁業は衰退すると思う。

当地で新たな世代に漁業を引きつぐためには、今の集落環境をできるところから快適にしていくことが、一番ではないかと思う。

第八章　我が国の進むべき道

ＴＰＰを第三の開国と称するのは、開国が、我が国に利益をもたらしたという前提になっているが、それはまったくの逆である。

幕末の開国は、我が国を列強の覇権《はけん》争いに巻き込み、その90年後に、建国以来初めての異民族による占領と、220万人の犠牲者という大惨劇をもたらした。

第三の開国もアメリカの圧力のもと、武力を用いない海外市場の争奪戦ともいえるグローバル化の世界に引きずり込まれることにほかならない。歴史の失敗はくり返してはならない。

アベノミクスの前にやるべき本質は、我が国経済の原動力である働く細胞への血流を阻害《そがい》する、破れをふさぎ、瘤《こぶ》を押し込めることである。

過疎地の風景は、疲弊《ひへい》していた旧ソ連の田舎に似ている。いくら輸出で富を得ても、地方の人々は疲弊するばかりである。これは、日本人が日本人に依存されないために生じたものであり、外国に依存するエネルギー、食料、国防を内需化し、内なる富を創造しなければならない。

世界経済も成長の限界を迎えようとしている中、コモンズの悲劇の最《もっと》も効果的な解決手法である「利害関係者による自主的管理」ともいえる、日本型経営管理の道を再び歩むべきである。

一．歴史の失敗をくり返さない新たな道へ

ＴＰＰは第三の開国だ、これは明治維新と敗戦を二回の開国と見なし、開国が我が国に利益をもたらしたという前提となっている。

しかし、これはまったくの逆ではないか。

我が国は、アメリカにより一八五四年に強引に開国させられた。その結果、欧米列強の帝国主義による植民地の争奪戦に巻き込まれた。アジアの中で唯一、列強の一員としていくたびかの戦争を運よく勝ち抜いてきたものの、開国の九〇年後にもたらされたものは、二二〇万人を超える犠牲者と焦土と化した国土という建国以来の大惨劇であった。

勝った明治の日清、日露戦争は正しく、負けた昭和の大東亜戦争は間違っていたとする、いわゆる「司馬遼太郎史観」がある。これはＧＨＱの言論統制により戦争への罪悪感が植え付けられたこともあり、今もって多くの日本人の共通認識となっている。

一方、京都大学の佐伯啓思教授は、あの戦争はよい悪いのレベルの戦争ではなく、開国時において、すでに、宿命であったという趣旨の歴史観を有している。

軍部の独走を許したのがよくなかったことか、あのときこうしていればよかったなどは枝葉末節の議論。植民地になるか、列強になるか、の選択肢しかなかった時代において、列強の仲間入りを

すれば、当然列強間の争いは避けられず、その先は勝つか負けるしかなかった。

負けたから悪い戦争といわれているが、一九〇一年にフィリピンの独立運動を武力で鎮圧し、植民地化したアメリカが、善悪をいえる立場にあるとは思えない。

しかし、結果的には、列強間の戦いにだれも勝者はいなかったと思う。なぜなら、第二次世界大戦の後、アジア、アフリカの植民地は一気に独立したからである。戦争を始めた目的が、植民地などの海外市場を巡る覇権《はけん》争いであったことを考えると、連合国側も負けたのである。

以上の観点から、一回目の開国の意義をあえて評価すれば、国民各階層が私利私欲を捨て一丸となって日本の植民地化を阻止《そし》し、独立を守ったところまでである。

幕末に外国人を襲ったため、切腹させられた武士がいる。その切腹の場に、命乞《いのちご》いをするぶざまな姿でも見ようと立ち会った外国人に、自分の内臓を投げつけ、逆に卒倒させたという。そのような武士が二〇〇万人もいたことが、植民地化を思いとどまらせたことも想像に難《かた》くない。

二回目の開国は「壊国」であり「開国」ではないのでコメントのしようがない。

それにしても開国万歳派のいう過去二回の開国は、アメリカに力でねじ伏せられたもの。それでもなお、開国万歳というのでは、

「自分はいつも間違っているので、今度も外圧様に変えてもらいたい」

という「依存・自虐《じぎゃく》合併症」の症状丸出しであり、誠に情けない限りである。

内臓を投げつけた日本人の根性は、どこへ行ったのだろう。

では、三回目の開国と称するTPP参加で日本はどうなるのか。

これもまた一回目と同じく、アメリカの圧力のもと、武力を用いない植民地主義ともいえる自由貿易・グローバル化の世界に引きずり込まれて、海外市場の争奪戦に参加することにほかならない。

列強が多国籍企業に、植民地が地元企業・消費者に代わっただけである。

少数の国のみが富を手に入れる時代が続かなかったように、少数の多国籍企業のみが富を手に入れるような経済システムも続くはずがない。

今回は富をとるかとられるかの二択ではなく、自ら内なる富を作り出すという第三の選択肢もある。

TPP参加で、我が国は、同じ歴史上の失敗をくり返す道を進んではならない。

二.「破れ」をふさぎ「瘤《こぶ》」を押し込める道から

自民党が政権に復帰し、デフレ脱却をねらうアベノミクスが始まった。そう願うわけではないが、アベノミクスは必ず失敗すると思う。

その理由は、あり得ない持続的経済成長を前提としていることと、成果が出なかった従来施策の延長でしかないためである。三本の矢の、

「機動的な財政政策」とは、借金を増やすだけだった。

「大胆《だいたん》な金融施策」とは、過去にアメリカから突きつけられた金融緩和政策と同じで、一部の人間が所有する株や土地のバブルが始まるだけだった。

「成長戦略」とは、規制緩和で金持ちを増やし、格差を拡大するだけだった。

なのに、どうして今回はこれが成功するのかまったくわからない。

確かに、株価が向上し、円安のおかげで輸出への依存度の高い大手企業の業績も回復したという。しかし、これは消費税引き上げのための景気条項も考慮した一時的な、かつ、一部の企業のことで、持続的に広く国民に行き渡るものとはならないと思わざるを得ない。

やるべきことの本質は、対策ではなく、その原因を正すことにあると思う。

お金は、経済活動における血液にたとえられる。

人間の体の中を血液（金）が循環し、細胞（経済）に活力を与えている。流れ始めた血液が一〇〇とすれば、それが細胞に栄養を与えその働きでまた一〇〇の血液として戻る。成長段階ではどんどん血液量も増えてくる。

しかし、今の経済構造は図８（二二四ジ）のようにいくつもの場所で破れが生じ、血液が体外に漏れ、また体内でもその吸収を阻害《そがい》する瘤《こぶ》（血液の塊）がいくつも生じている。

体外への血液の流出は、輸入品の増加、外国資本の国内サービス業への参入拡大（郵便局員にＡ社のガン保険を売らせ、利益をアメリカに送金させることなど）国内工場の海外移転、貿易黒字の対外投資などを通じて行われる。

体内での瘤《こぶ》は、企業の内部留保の増加、給与の減少とセットになった一部の者への富の偏在（格差拡大）、社会保障費の増加などである。間もなく、これに消費税の増税も加わる。

図8　働く細胞への栄養補給を妨げる破れと瘤

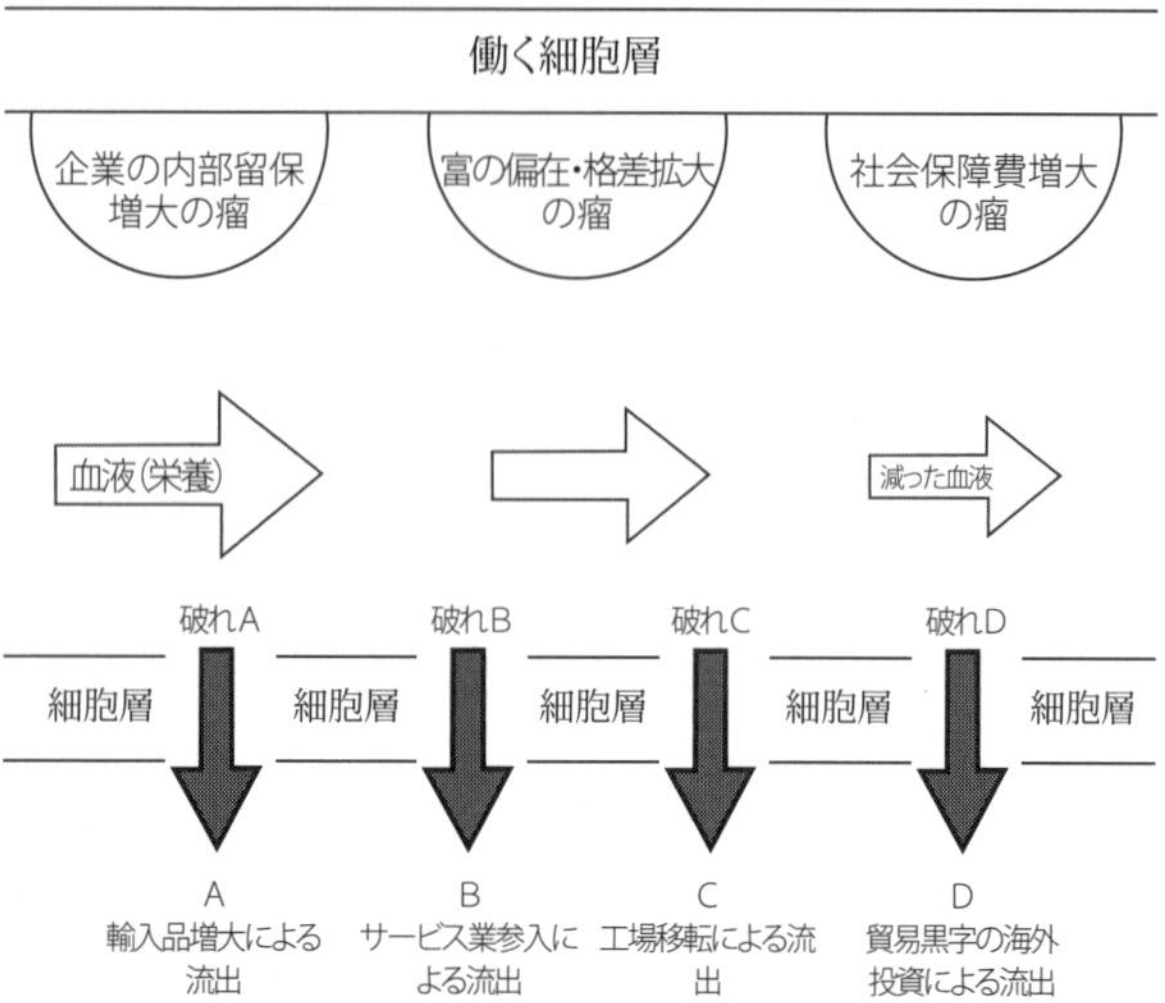

この破れと瘤が、血液を作り出すために働く細胞への栄養供給を阻害している。これでは、一〇〇で流れ始めた血液が戻ってくるころにはそれ以下にならざるを得ない。

よって輸血ともいえる「機動的な財政政策」をいくらやってもきりがない。

強心剤を心臓に打つような「大胆な金融施策」をやっても、株や土地など投機的資産の瘤を大きくするだけで働く細胞（実体経済）の活性化にはつながらない。

「成長戦略」も格差拡大と社会保障費の増加という瘤《こぶ》を大きくするだけ。

特に心配なのは、「機動的な財政政策」のための国債増発である。国債はタコが空腹のときに自分の足を食べるという「たこ足」に似ている。食べる足以上にもっと足が生えてくればよいが、そうはいかなかった。

この二〇年で一〇〇〇兆円食べ、一四〇〇兆円あった自分の足も残りわずかとなった。そこにアベノミクス効果で資金が株式市場に向かい、円安で円預金が海外に流出すれば、国債を購入する金融機関がなくなる。食べる足がなくなれば財政破綻《はたん》となる。

おそらくそれを回避するため、日銀がお金を印刷して国債を引き受けるだろう。これは生命維持にかかる臓器まで食べ始めるようなもので、ハイパーインフレを引き起こす。そうなれば、政府は国債の返済がきわめて楽になるが、高齢者などは、老後に備えた蓄えが紙くずとなるので悲惨なこととなる。

開国論者のいう「第一の開国」が敗戦をもたらしたように、「第二の開国」も経済の破綻をもたらすと思う。

専門家の中には日本ではハイパーインフレは起こらないという人もいるが、収入の二倍も支出を続ければそうなるしかないのではなかろうか。

皆、恐ろしいことが起こりそうだと、わかっていてもどうしようもないだけではないか。負けるとわかっていても、戦争を始める選択肢しかなかったあのときと同じではないか。

一〇〇〇兆円の借金を作り上げた世代が多くの金融資産を持っていることから、その責任をとって次の世代にそのつけを回さないために、これもやむを得ないことか。昔のアニメの主人公のセリフではないが、「おまえの貯金はもうなくなっている」状態である。

さらに、消費税増税にも大きな疑問がある。

これは、いっそうの格差の拡大につながるだけでないかと思う。

「社会保障と税の一体改革」とは、国民の生活や福祉の安定に寄与するように聞こえ、つい「財政事情も考えればやむを得ないのか」となりそうである。

が、これは貧乏人の面倒を、貧乏人に見させる仕組みではないかと思う。

格差拡大の現状において、税制の取り組むべき課題は富の移転であろう。ならば、金持ちの所得や資産に着目し増税すべきである。金持ちはその所得に比し消費が少なく、また消費税率は金持ちにも貧乏人にも一律である。

低所得者層には、増税による負担増分を別途支給するとしても、総体的に見れば、消費税には格差是正効果はない。

ではなぜ、所得税や法人税の課税強化をしないのか。

それは増税が、企業の国際競争力を削《そ》ぐとか、働く人間のやる気を損ねれば、企業家が海外に出て行くなどの脅《おど》しに、屈してしまうためであろう。

しかし、心の中のたかり欲の誘惑に負けるのでなく、「嫌なら出て行け、日本には強欲《ごうよく》のためだけに働くような人間はいらぬ」と啖呵《たんか》を切ってやればよい。

また、グローバル化した経済下においては、多国籍企業が巧妙に課税逃れすることから、取りはぐれのない消費税が狙《ねら》われたのも理由の一つであろう。

「消費税は社会保障にしか使いません」という、国民受けしそうな目的税化もくせ者である。

なぜなら「消費税＝社会保障費」となれば、今後社会保障費は確実に増大するので、財源が足らなくなれば、消費税が自動的に上げられることになるから。そもそも、金持ちには社会保障など不要。自分の儲《もう》けに直結する所得税や法人税とのリンクをはずしさえすれば、消費税がどうなろうが感心なし。

このように消費税の増税は、どう考えても働く細胞層への栄養補給を減少させ、格差拡大の瘤《こぶ》を大きくすることにしかならないと思う。

そもそも、血液の流れを阻害する破れと瘤《こぶ》はどうしてできたのか。それは外に対しては自由貿易を、内においては規制緩和（競争激化）を推進してきたからである。そこにＴＰＰへの参加が加わってどうしてアベノミクスが成功するといえようか。

成長期を終えた人間が、いつまでも成長しようと、中・高校生のような食事をとり、激しい運動をすれば逆に体を壊すに決まっている。

成長の限界に達した我が国において、真の安定的で持続性のある経済を目指すためには、自由貿易促進と規制緩和を根本から改め、日本経済の破れをふさぎ、瘤を押し込める道から、歩み始めることではないかと思う。

三．相互依存で安定への道へ

過疎地に住み、放棄され藪《やぶ》と化した耕作地や、ツタが絡んだ廃屋などを見ていると過去のある風景を思い出す。それはモスクワ勤務時代、フィンランドの首都ヘルシンキで車を購入し、レニングラード（現在のサンクトペテルブルグ）経由で、モスクワまで運転して帰る途中で見た風景である。

国境を越えるまでは、こぎれいな家とよく手入れの行き届いた畑や牧草地であったが、国境を越えソ連領（当時）に戻った途端に、まばらに点在する傾いた古ぼけた家、作物を植えているのか、それとも自然のままなのかよくわからない原野のような畑が広がってきた。色のイメージにたとえると、黄緑色から灰緑色に一変したのである。同じ緯度にあり、地形も植生も同じなのにどうしたことか。

そのとき思ったことは「政治が悪いと景色まで変わるのか」であった。

今私の前にある過疎の風景は、あのときのソ連国境地帯の農村の風景と同じ。

しかし、ここは広大な国土に比し少ない人口、疲弊《ひへい》した経済の当時のソ連ではない。狭い国土に多くの人口を有し高度経済成長を遂《と》げた国である。まして対外純資産が二一年連続世界一で、現に二九六兆円（二〇一二年末）も保有している国である。

「富は積もれど人びと窮《きゅう》し、荒廃疲弊《ひへい》がこの地を襲う」

とは、一八世紀のイギリスの詩人オリバー・ゴールドスミスの「廃村を行く」の中の言葉。

日本人は懸命に働きお金を稼《かせ》いで、一体この国をどういう姿にしたいのか。なにかおかしい。絶対にこれは間違っていると思う。

過疎は、地方だけのことでなくなりつつある。

かつて、地方から多くの人びとが都市部の工場に移動して行った。しかしその工場が次々と外国へ移転し、空洞化が始まっている。今回は工場を追って日本人が移動するわけにはいかない。活気に溢《あふ》れていた企業城下町も人口が減少している。これらに共通するのは、外国のほうが安いから効率的であるからと、依存されなくなったことである。

貿易が拡大するほど、日本人同士が互いを必要としなくなる。

グローバル化は、外国に出て行った企業の本社と、引き続き外国に依存される工場以外の多くの地域を過疎化させる。いよいよ自分にその順番が回ってきたときに、初めて過疎地に住む依存されなくなった人びとの苦しみと悲しさがわかる。

今の日本人には、一％の人の儲《もう》けに依存し、外国産の安い物を買い求めて生きていく道か、高い物を買ってでも日本人相互が依存し生きていく道か、の選択肢が突きつけられている。

私の住んだ過疎の村にも、食料品中心の六畳ほどの小さなお店が一軒あった。ある村人は私にいった。「ここで売っている品物はどんなに高くてもここで買う、決して町の店では買わない」と。その理由は、この店がなくなれば、災害などで村が孤立したときにこの村は困るし、また高齢者には町まで買い物に行けない人もいる。この店は絶対になくなられては困る。いくら正価で高くても、みんなで支えていかねばならない、であった。

これまでの過疎地対策は、基本的には都市部の儲《もう》けからの税金による財政支援だった。しかし、本来は金で処理する問題ではない。都市と地方の国民が互いに依存し合うことで、国内で新たな仕事、すなわち富を創造することが求められている。この二〇年余の日本経済の停滞と混迷は、日本人相互間での依存関係が乏しくなったことによるものともいえる。

過疎を解消する。

これができれば日本を安定させ、持続性のある社会に導くと思う。

今後目指すべきは、強欲《ごうよく》によりつき動かされる不安定な世界経済への依存度を高めることでなく、国内相互依存による安定への道ではなかろうか。

四．内なる富の創造への挑戦の道

では、一体なにを依存し合うのか。

経済の成熟期に入り、人口も減少に向かう我が国で国民が「ぜひともこれをお願いします」というものがあるのか。

特にない。

ないからこそ、経済成長が止まった。

よって、その答えを探すとすれば、我が国の三大他力本願ともいえる、エネルギー、食料、国防の三分野を内需に切り替えていくことしかない。しかも、この三つは我が国の平和と国民の幸せのために絶対不可欠の要素でもある。

輸入に頼らず鎖国でもする気か、できもしないことをいうなとの批判があろう。

では、聞きたい。

石油の八割近くを、アメリカとイギリスに依存していた中で、禁輸を受け開戦に突入せざるを得なかった、先の戦争の反省を今どう生かそうとしているのか。

イギリスは二度の世界大戦で深刻な食料不足に陥った経験から、食糧自給率を四〇%から七〇%強まで増加させたが、戦中・戦後に同じくひもじい思いをした日本はこの反省を今どう生かそうとしているのか。

黒船に武力で対抗できなかったことが、平和な江戸時代から、戦争に明け暮れる時代へと引きずり込まれる原因となった反省を、今どう生かそうとしているのか。

平和憲法を守り、輸出に血眼になっていれば、そんなことは起こらないとでもいうのか。

バブル崩壊以降、日本人は、共通の目指すべきフロンティアというものを失った気がする。逆にいえば、「お金・もの」はすでに満たされたのである。

だから、停滞している。

よって、今後の目標は過去の延長ではなく、日本がこれまで回避してきた根本的課題に挑戦することではないか。

それこそ他力本願状態にある三分野でしっかりと国家目標を打ち立て、それを新たなフロンティアとして、官民あげて取り組むことである。簡単にはいかないだろうが、できる、できないではなく、やらなければならないのが国家目標である。

最《もっと》も他力本願度合いの高いエネルギー分野では、日本近海でのメタンハイドレート開発に成功という最近では珍しく明るいニュースがあった。中国から事実上の禁輸制裁をかけられたレアアースにおいてもその分散化を図り依存度を下げ、併せて我が国の南鳥島周辺の海底で資源が発見されている例もある。

やれば、一歩一歩目標に近づく。日本に資源がないというのであれば作って見せようではないか。農林水産業も国防も同じ。これまでは、輸出の邪魔《じゃま》者や平和憲法の日陰者のような扱いを受けてきたが今後は違う。日本人ならできると信じる。

ただし、ここにおいても注意すべきことがある。

それは新たなフロンティアが生み出す内なる富が、資本や技術を持つ一部の開発企業に独占され、再び地方の疲弊《ひへい》や格差拡大につながらないようにすることである。近年、ＩＴ技術のめざましい進歩で、経済だけでなく社会システムも大きく変貌した。

しかし、ＩＴ革命はそれをコントロールする側の富は拡大したが、それにより整理・合理化された職種に従事していた多くの人々を、貧しくした。これでは、科学技術の進歩が一層の富の偏在を引き起こし、依存されず不幸になる人間を増やすだけである。

そのような観点から、ぜひとも実現してもらいたいエネルギーがある。それは国土の七五％を占め再生利用が可能な森林を活用した木材バイオマスの液体燃料化である。そこまでいかなくても、木材チップを燃料にした発電所だってある。カツオ釣りに沖に出て、海から熊野の壮大な森林地帯を見ると、まったくもったいないと思う。昔はエネルギーに利用していたが、今は人間が利用せず荒れ果てたから鹿《シカ》も農地を荒らしに出てくる。木材バイオマスの液体燃料化が実現すれば、最《もっと》もひどく過疎化した山間部にも仕事ができ、人が戻ってくる。

すぐに、コストがどうのといった意見が出よう。

そのような、働く「人」や地方を無視した、目先の安さや効率性だけを優先した結果が、今ではないか。国家目標の設定においては「お金・もの」の項と「環境」の項を一体的に考えるべきであり、当然「人」や「地方」に着目した富の分散も必須要件である。

五．官から民へ、民から自主への道

経済先進国の中で、日本のみがデフレが長く続いているのは、ある意味、成熟経済に一番早く到達したためともいえる。

人口がひと桁も違う経済新興国の隆盛が続くことで、環境、資源、食料などが地球的レベルで逼迫《ひっぱく》し、早晩世界経済も成長の限界を迎えるのは間違いない。そのときも、引き続き新自由主義が世界経済を動かしているとすれば、そこでは必ず「コモンズの悲劇」が生じる。「コモンズの悲劇」の解決には三つの道があり、第一は市場配分、第二は政府管理、第三は自主管理である。

我が国は、公営企業の民営化に代表されるような規制緩和で「官から民へ」すなわち「第二の道から第一の道へ」と舵を切ったが、経済は成長せず、逆に格差が拡大した。いよいよコモンズの悲劇に最《もっと》も効果的な手法である、第三の道「民から自主」に進むときが来た。しかし、これは新たな道であろうか。

すでに述べたが、この自主管理とは我が国の長い歴史の中で培われた村社会、共同体管理そのものである。あの日米包括経済協議でアメリカからつぶされた「護送船団」「談合」「系列」「終身雇用」「年功序列」などを特徴とする日本型経営管理である。今から思えば、日本が進み過ぎていただけであった。

一万《メー》《トル》のトラック競技の終盤のようで、だれが先頭かわからない。周回遅れのアメリカの後ろ姿を見て、それが先頭と思いついて行ったようなものだ。

日本型経営管理を欧米型経営管理に転換した後にバブルが生じ、ろくなことにならなかった。今から考えれば、確かにおかしい。

コモンズの悲劇を解決して来た日本型漁業

なぜ、共存共栄の護送船団や談合が悪いのか。

なぜ、同じ企業やその関連会社で必要なものを可能な限り自主生産する、自己完結型経営の系列が悪いのか。

なぜ、安定した生活を保障する終身雇用制が悪いのか。

なぜ、能力のある者がない者を下から支える年功序列が悪いのか。

これらの慣行が、強欲者《ごうよく》にとって、都合が悪かっただけでないか。日本型経営管理をマネようにもそのような文化が根付いていない欧米が、できなかっただけではないか。

第三の道である共同体管理の典型といえる日本型漁業管理にも、歴史上二度危機が訪れたことがある。

一度目は、明治維新政府による第二の道ともいえる「海面官有制」の宣言である。明治八年の太政官令で、それまでの漁場の利用関係をいっさい否定のうえ、海面はすべて官有とし、新たに申請を出させ借区料を徴収しようとした。

しかし、全国各地で漁業紛争が勃発《ぼっぱつ》し、これに手を焼いた政府は、その翌年に事実上布告を取り消して従来の慣行に戻さざるを得なかった。

二度目は、ＧＨＱによる漁業制度の見直しであり、農地解放と同様の民主化が行われた。しかし内容はそれまでの網元から、漁業者の共同組織である漁業協同組合に権限を移しただけで、網元が組合長になったことからあまり実態は変わらなかった。

また、ＧＨＱは海の管理において、陸上の法体系、例えば民法のように個別事例においてのあり方を詳細に定めることも考えたようであるが、資源変動に合わせてその都度、漁場利用調整を図っていく漁業実態があまりに複雑だったためか、結局利害関係を有する漁業者の代表により組織された漁業調整委員会で話し合って決めよとなった。

漁業法を読んでもらうとわかるが、漁業秩序のあり方で、具体的に決まっていることは免許や許可に際しての大まかな優先順位ぐらいで、後は行政側の免許や許可の手続きと取締りに関することばかりである。

ＧＨＱも、我が国漁業の伝統である自主管理体制を変えることはできなかったのである。

このように、二度の危機においても自主管理体制を維持できたことは、漁業者の抵抗もあろうが、漁業資源というコモンズの管理として、やはり第三の道である日本型漁業管理が最も優れた手法であったからと思う。

確かに、我が国漁業は、世界一の生産量を上げたときから見れば、産業規模としては半減したが、成長の限界を迎えた日本経済が抱えつつある「コモンズの悲劇」の解決手法を模索する際に、ぜひとも参考にしていただきたい産業分野だと思う。

なぜなら、多くの産業の中でも、漁業は「コモンズの悲劇」を何度も経験してきた唯一の産業であり、また、特に日本型漁業には、その最《もっと》も効果的な解決方法である第三の道により、その悲劇を解決してきた多くの実践事例があるからである。

二〇一三年に入り、マイワシの大量漁獲のニュースが相次いでいる。この三〇年余の衰退の時代を、共生で耐えてきた日本型漁業がいよいよ回復基調に向かう。

多くの言葉を語るより、その姿を見ていただくことが、他産業への強い説得力となると思う。

過疎と生活保護

H町に住んで最《もっと》も気になることは、この漁村がいずれ消滅しかねないことである。ここで生まれ育った人が退職を機に都会から戻って来られる例もあるが、子供が一人もいない現状ではそれも途絶える。若い人が戻ってくるための本筋は、生活できる漁業の再構築であるが、それ以外の方法はないのかとあれこれ考えてみた。

ある祝賀会で参議院議員のK先生にお会いしたのがきっかけで、著書を送っていただいた。増加する生活保護費の問題をまとめられたもので、特に不正受給の実態などには強い怒りを感じた。H町は決して豊かではないが、生活保護を受けている人は聞いたことがない。それは自然に恵まれた一部自給的生活により生活費が安く済むこと、支え合い生きていく漁村社会の自立の精神があることなどではないだろうか。

そこで思うのは、「たかり欲」丸出しの確信犯は別にして、生活保護受給者に過疎地に住んで漁業の手伝いをしてもらえないかである。そんな人はそもそも生活保護など受けていないといわれればそ

最も気になることはこの漁村がいずれ消滅しかねないこと

廃校になった校舎を活用して食事、風呂を共同にするアイデア

れまでであるが、前は海、後ろは山、新鮮な魚、まるで高級旅館にいるような魅力もある。若干の欠点は時々「島流し」の気分になること。田舎に住みたいが仕事がないという人も多い中、受給者は生活費を受給している。受給者２１６万人の１％でも、漁業就業者数が１０％も増えることになる。

課題は閉鎖性の強い漁村との交わり方だが、廃校になった校舎を活用し、食事、風呂を共同にするというアイデアはどうだろう。そこが住民との交流の場にもなり、漁業や加工の手伝いをしてもらうきっかけができる。受給者の世話や住民との間の連絡・調整役を地元出身の若い人の仕事としてやってもらう。

最後に最《もっと》も重要な生活保護費の地元負担は、出身の自治体または国が肩代わりする。これがないと財源に乏しい過疎地を抱えた自治体の首長さんは大反対する。以上、まったくの素人の考えであるが実現性はあるのだろうか。

おわりに

●漁師になろうとしたきっかけ

私は、三六年間、水産庁の机の上から水産業を見て来た。二〇一二年三月末での定年退職を機に、今は三重県下の漁村に住み、沿岸漁業や漁協の手伝いをしながら、現場から水産業を見ている。

私の知っている限り、退職後に漁師になる道を選んだ水産庁の職員はいない。なぜ、私がこのような道を選んだかには、きっかけがある。

それは今から十数年前に遡《さかのぼ》るが、資源管理の担当者として、減少した資源を回復するために、漁業者に休漁を呼びかける会合に出席した際の、ある漁業者の発言からである。

「獲り過ぎがよくないのはわかっている、しかしこちらにも生活がある。収入が保証された役人とはわけが違う。あれだけ批判されている役人の天下りがなくならないのも同じ。そういうなら役人も天下りせず漁師になってみよ」というものであった。

そのころから私には、役人の持つ知識や見識が、退職後に民間で生かされること自体は間違っていない、しかし一部の幹部OBの話かもしれないが、高額の役員報酬や退職金を手に入れることに対しては、どうしても許せない思いがあった。

私は役人は、現代の武士であらねばならないと意識して来た。

江戸時代の武士のように指導的な立場に立つ者は、清貧でなければ、国民は付いてきてくれないとの思いがあった。

そこで「売り言葉に買い言葉」ではないが、「わかりました。私は天下りしません」と即答した結果が今である。

なお、出席した漁業者の皆さんは内心「どうせ口だけだ」と感じたろうが、その後、理解を示していただき会合の目的は達成された。

●子供のいない村

熊野市は、東京から最も《もっと》早い交通手段を利用しても五時間近くかかり、広域合併後でも人口が一万九〇〇〇人しかいない。

さらに私の住んだ漁村は、そのはずれにある典型的な陸の孤島である。現場から漁業をもう一度見直してみようとの思いで来たものの、最もショックを受けたのは村に一人の子供もいない過疎の現実であった。

過疎問題は知識としてわかっていたが、実際に住んでみると、その深刻さを肌で体験しそれを通じて見た日本という国の危うさを痛切に感じることになった。

私はいつも自問自答し、どうすればうまく説明できるか思いつかず困っていることがある。それは昭和三〇年代、村に子供がいっぱいいて人口五〇〇人のころに亡くなった人が今生き返り、この村の現状を見たときを想定しての問答である。

（問一）

「どうして子供も若い人もいないのか。子供も育てられないほど日本は貧乏になったのか」

――「いや豊かになったからいなくなったのです」

「？？？」

（問二）

「子や孫が住む都会とは、よほどよいところなのだろう。だから帰って来たくはないのだな」

――「いや、盆や正月にはみんな帰って来て、人口が何倍にも増えます。あるおばあさんの家には、子や孫が一七人も帰ってきました。」

「ではここに住めばよいのではないか、豊かになったのなら昔より仕事も増えただろうが」

――「いや豊かになったから仕事が減ったのです」

「？？？」

（問三）

「海は昔のままだ。漁業をすればよいではないか」

――「魚の値段が安くなり、若い人では生活していけないのです」

「日本人がお金持ちになったのに、どうして魚が安くなるのか」

――「外国の魚を食べるようになったからです」

「外国の魚のほうがおいしいからだろ」

――「いや安いからです」

「金持ちになった日本人が、どうして安い魚のほうを食べるようになったのか」

――「・・・」

(問四)

「このままではこの村は消滅してしまう。一体どうするつもりだ」

――「そ、それについては・・・」

「おまえの話を聞いていると、俺は死にたくなった」

――「せっかく生き返ったばかりなのに」

「こんな村を見ることになるなら、生き返るんじゃなかった」

悲劇は喜劇に通じるというが、過疎の村から見た日本の姿は「不幸になるために、豊かさを求める」ような、どこか抜けている喜劇といってもよいのではないかと思う。

●過疎の高齢者に学ぶ

今後の経済動向にかかわらず、我が国で避けて通れないのが、高齢化社会の到来である。ほとんどの住民が私より年上のこの村に来て、不思議なことに「もう年だから・・・」という言葉を一度も聞いたことがない。

現役漁業者を高齢の順に上げると、八四歳、七九歳、七八歳、七六歳と続く。八四歳の方が、波で船が時々見えなくなるようなときに、岩場付近で危険な投網作業をこなしているのを見ると感動すら覚える。

七九歳の方は、奥さんとともに定置網漁をしているが、奥さんは足が悪く、普段歩くときでも足を引きずっているのに、それでもきつい網替え作業をしている。そのような方々が働いている姿を、目の前に見て「私はもう年だから」などいえないのも理解できる。

それにしても漁村の皆さんは、本当によく働く。

例えば、伊勢エビ漁は昼夜分かたず作業が続く大変な激務である。筋肉痛と睡眠不足が闇夜の前後二〇日間延々と続く。しかも夜間の揚網作業は大変危険で、この小さな漁村で過去四人も事故死している。昼間の網修理中に睡魔に襲われ、手に持ったハサミで顔を傷つける人もいるほどだ。伊勢エビ漁は基本的に夫婦二人の仕事で、家庭の仕事も抱えた奥様方への負担は相当なものとなる。二〇日間で体重が三~四キロ減る奥様もいるという。

高齢のご婦人方の平均体重を思うと、その厳しさが想像できる。

なんでそこまでして働くのか。もちろんお金の魅力もあろう。しかし、そばで一緒に働いていて感じることは、

「生きている限り働く」それしかない。この村には「老後」というものがない。

働けなくなったときは、死を迎えるときなのである。そこには日本人の勤勉性の原点というか、

働くことへの畏敬《いけい》というものを感じる。

また視点を変えると、この村の高齢者は、自立欲と献身欲の具現者でもある。まず働くためには健康でなければならないし、逆に働くから健康であり続けることができる。それは、我が国の財政上大きな負担となっている、高齢者医療費のお世話になっていないことを意味する。

この村で生活保護を受けている人を聞いたことがない。それは自然に恵まれた一部自給的な生活により生活費が安く済むこと、支え合い生きていく漁村社会の自立の精神があるためと思う。

それだけでも偉いと思うのに、国民の食料となる魚を獲ってきて、経済活動に貢献しているのである。

過疎の高齢者に学ぶべきこととは、「働く」ことが幸せにつながるということではないかと思う。

それは労働者を儲《もう》けのための単なるコストとしてとらえ、効率が悪くなればセーフティーネットに投げ込む、悪しき経営者の強欲《ごうよく》の価値観ともまったく違う。

また、いかに楽して金をふんだくってやろうかという、悪しき労働組合のたかり欲の価値観とも違う。

この勤勉性とは、単に「お金・もの」のために真面目《まじめ》に働くという意味だけではなく、長い歴史の中で培われた伝統や文化も守っていく実直さを、あわせ持っていると思う。

村のお墓に初めて行ったとき、その綺麗《きれい》さにびっくりした。週に一度はお墓掃除をし、お花も欠かさない。漁から帰る海の上から、必ずお墓のある山に向かって手を合わせる。

欧米由来の思想で、近代化を進めてきた我が国が、経済的・社会的にもその限界に達し、近く破綻《はたん》を来たすとしても、この村の人びとは生き延びるような気がする。

なぜならこの村には、幾度となく資源の盛衰に対応してきた経験と、陸の孤島という地理的要因と高度経済成長に取り残されたゆえに、古くからの日本人の智慧《ちえ》と謙虚さがまだ残っていると思うからである。

幕末の外国人が見た日本人の本当の幸せの姿とは、このような人々の生き方の中に、今も垣間《かいま》見ることができるような気がする。

●熊野から鳥羽へ

古い空家を借りて熊野に移り住んだときから、風呂のボイラーの調子が悪いのが気になっていたが、ついにまったくお湯が出なくなった。しかし、これも過疎地に住むゆえの不便さかと、おおらかに構え、業者を呼んで修理を頼んだところ、なんと、修理不能とのこと。

耐用年数を大幅に過ぎ、故障した部品も製造されていない。新品に取り換えると相当の経費がかかり、しかも、私が出て行った後、だれも住む予定はないので、まったくの無駄になる。

どう考えても引っ越しが避けられない。それならば、同じ村で空家を探すより、まったく別の地域での漁業も経験してみたいと思った。そこで、以前から懇意にしていただいていた鳥羽の漁業関係者の方に相談したところ、快く受け入れてくれることになった。

約2ヶ月間の水シャワーの生活の後、九月上旬（二〇一三年）に、もう水には耐えられないと「大都会」鳥羽市へと引っ越して来た。決して大げさではない。車で三〇分以上かかっていたコンビニが、歩いていけるところにあると、本当にそう思うのである。

今度、乗船させていただく漁業者の方は、主にカキとノリの養殖をされている。ちょうど伊勢エビ漁が熊野より半月早く解禁されたことから、早速乗船させていただいた。

慣れ親しんだはずの伊勢エビ漁であったが、びっくりすることばかり。刺し網で伊勢エビを獲るのは同じでも、漁船の構造、漁場利用のルール、漁具、漁法が全然違う。カルチャーショックならぬ、伊勢エビ漁ショックを味わった。そのうえ、不覚にも、船上作業中に船酔いしてしまった。熊野の海ではもちろん、シー・シェパードと追い駆けっこをした南極海上の「絶叫する六〇度」（南緯六〇度以南の南極大陸沿岸域までの総称）でもまったく船酔いなどしなかったのに。船の揺れ方が、今まで経験したことがなかったのが原因だったかも。

水産のプロであるはずの私が、そんなことも知らなかったのかといわれそうだが、同じ漁業でも、どうしてこうも地域で違うのだろうか。長い歴史を有する日本漁業ゆえの分化なのだろうか。

この本が出版されるころはカキの出荷作業も本格化していると思うが、今度はなにが待ち構えているか、現場は本当に興味深いことだらけである。

謝辞

この本を出版することになったきっかけは、大学の同窓会報に載った私の投稿文を読んだ学友の永延幹男君から、「興味深く読んだ、また同様の多くの感想を聞いた。本にして広く世の中に問うたらどうか」と、働きかけがあったことである。彼は、本職は南極海をフィールドとする海洋環境生態学者であるが、探検学など非常に幅広い分野にも関心を有し、著書も多い。その彼にすすめられたことが、「やってみる価値があるかも」と思い始めたきっかけであった。

そこに、永延君からの連絡で現れたのが、同じく学友の秋山太郎君である。彼は我が同窓では珍しく、出版業界に進み編集などの仕事を経て、M出版社の社長になった異色の経歴を持つ。その彼が、漁業分野から一般経済界を見るという「視点」に、漁業関係者だけでなく一般読者だってすごい刺激を受けるのではないか、「世に出す価値がある」とまでいってくれた。これで私も完全に舞い上がり、調子に乗った次第である。

その後も、両君には多くの示唆をいただき、また細かい点までチェックしてもらった。もし、永延君と秋山君の励ましがなければ、疲労困憊《ひろうこんぱい》する漁労作業の合間で、執筆を続け、出版に至ることは不可能だったたと思う。なによりお二人に感謝したい。

次に、感謝申し上げたいのは、私を漁村に受け入れ、いろいろと教えていただいた漁業関係者の皆さんである。

前々から、今のような経済政策を続けていけば、日本の将来は一体どうなるのだろうという漠然とした不安があった。過疎の漁村に住み、それが確信に変わった。なんの落ち度もない人々をどうしてここまで追いつめてしまったのか。これはいずれ、他産業も含めた将来の日本全域に広がる問題ではないか。これまでのやり方は、絶対間違っていると・・・。

過疎問題は、知識としては知っていたとしても、それ以上の思いを寄せることもなく長年にわたり都会生活を過ごしてきた自分を恥じ、また罪悪感さえ持った。しかもそのような環境下にありながら、文句もいわず、互いに助け合い、黙々と働く高齢の方々を見て、本当に頭が下がる思いをした。

これを、世に伝えなければならない。これも大きな出版の動機となった。


出版社の北斗書房の皆さんに感謝申し上げたい。特に、同社の山本辰義会長とは、長いお付き合いをさせていただいている。同社には『漁業と漁協』という月刊雑誌がある。私が水産庁の資源管理や漁協指導を担当していたころに、その時々の関心のあるテーマについて原稿を持ち込み、掲載をお願いしてきた。私は、読者にわかりやすいように、自分なりの工夫をしたつもりで、比喩《ひゆ》を多用した。そのため、時々過激になり過ぎ「うーん、この表現はちょっと」と唸《うな》られたこともあるが、なんとか掲載していただいた。今回は書籍ということで、今までとは比較にならないが、厚かましくもお願いした次第である。編集作業などでお世話になった同社の山本義樹社長、島田和明経営部長にも、感謝申し上げたい。

なお、各章末のコラムは、二〇一三年一月から、「日刊水産経済新聞」に『漁師力生の熊野灘』として連載した現地レポートを、一部修正のうえ掲載したものである。この転載について、ご了承いただだいた水産経済新聞社にもお礼申し上げたい。また、私の鉢巻姿の似顔絵も、同連載からお借りしたものであり、併せてお礼申し上げたい。


退職後家族と離れ、一人漁村に移り住んで漁師をしていることに、裏でどう思われているかわからないが、直接私には「大変ですね」「なかなかできないこと」などという人が多い。本人も、冬の夜中の海の厳しさを味わったり、漁労作業で手の指が変形してきたりして来ると、なにをやっているのやらと思うこともたまにはある。しかし、それ以上に、これは最《もっと》も贅沢《ぜいたく》な退職後の生き方ではないか、と思うことが多い。無収入ゆえに家庭に一円の金も入れず、海と山に囲まれた豊かな自然の中で、超新鮮な魚を食べながら、好き勝手なことをやっているのであるから。

家族にとっては、私が通勤できる範囲内で、天下りでもしてくれたほうがよかったというのが、本音かもしれない。前例がないとは、それなりの理由がある。にもかかわらず、この生き方を理解してくれた家族に感謝しなければならない。

最後に忘れてはならないことは、インターネットに多くの貴重な情報を掲載していただいた皆様方への感謝である。熊野の漁村から、車で三〇〜四〇分のところに小さな図書館と本屋はある。当然ながら書籍数はわずか。そのため、上京した際の限られた時間に、大きな図書館や本屋などで、原本に当たるしかない。インターネットからの情報がなかったら、過疎の村にいてこの本は書けなかったであろう。

一方、インターネットこそ、グローバル化を促進するうえでの、強力な武器として使われたと思うときもある。しかし、逆に分断された九九％の人々が、知識を得て、互いにつながり、これに対抗するための武器も、インターネットのような気がする。人間が「火」を手に入れて以来の宿命かもしれないが、人類にとって革命的な道具ともいえるインターネットを疎《うと》むのではなく、感謝できるようにそれを使いこなしたいと思う。

二〇一三年一〇月吉日

佐藤　力生

佐藤力生　著者略歴

昭和 26 年 12 月	大分県大分郡庄内町（現：由布市）生まれ
昭和 45 年 03 月	大分県立大分上野丘高等学校卒業
昭和 49 年 03 月	東京水産大学（現：東京海洋大学）増殖学科卒業 （この間大学に研究生として在籍）
昭和 51 年 04 月	水産庁入庁（国家公務員上級職：水産）
昭和 60 年 06 月～	在モスクワ日本国大使館二等・一等書記官
昭和 63 年 07 月～	水産庁遠洋課北方底引き班　課長補佐
平成 04 年 04 月～	宮崎県漁政課長
平成 07 年 04 月～	内閣官房外政審議室　海洋法制担当室出向
平成 08 年 07 月～	水産庁企画課　首席企画官
平成 09 年 10 月～	水産庁管理課　漁業管理推進官
平成 14 年 10 月～	〃　資源管理推進室長
平成 16 年 04 月～	水産庁水産経営課　指導室長
平成 19 年 07 月～	水産庁境港漁業調整事務所長
平成 20 年 04 月～	水産庁瀬戸内海漁業調整事務所長
平成 21 年 04 月～	水産庁栽培養殖課　漁業資源情報分析官 （平成 23 年 12 月～平成 24 年 3 月　南極海調査捕鯨首席監督官乗船）
平成 24 年 03 月	水産庁定年退職
平成 24 年 05 月～	三重県熊野市において沿岸漁業手伝い
平成 25 年 09 月～	三重県鳥羽市において沿岸漁業手伝い

『コモンズの悲劇』から脱皮せよ
－日本型漁業に学ぶ 経済成長主義の危うさ－

２０１３年１１月２８日　第１刷発行

著　者　佐藤 力生
発行者　山本 義樹
発行所　北斗書房
〒132-0024
東京都江戸川区一之江８丁目３－２
ＴＥＬ(03)3674-5241
ＦＡＸ(03)3674-5244
http://www.gyokyo.co.jp

印刷　モリモト印刷　　カバーデザイン　石川　勝一

落丁・乱丁本はおとりかえいたします。
★定価はカバーに表示してあります。
ISBN978-4-89290-026-6

北斗書房の本

海女、このすばらしき人たち

川口祐二 著　1,600円＋税
ISBN978-4-89290-025-9　四六判 227頁

海の人々と列島の歴史

浜崎礼三 著　2,500円＋税
ISBN978-4-89290-023-5　A5判 273頁

日本の漁村・水産業の多面的機能

山尾政博・他共 著　3,000円＋税
ISBN978-4-89290-020-4　A5判 250頁

ポイント整理で学ぶ水産経済

廣吉勝治・他共 著　3,000円＋税
ISBN978-4-89290-018-1　A5判 285頁

増補　日本人は魚を食べているか

秋谷重男 著　1,800円＋税
ISBN978-4-89290-017-4　A5判 149頁

現代の食糧問題と協同組合運動

山本博史 著　1,900円＋税
ISBN978-4-89290-016-7　A5判 176頁